JN274755

環境・都市システム系 教科書シリーズ 20

防 災 工 学

博士(工学) 渕田 邦彦
工学博士 疋田　誠
博士(工学) 檀　和秀 共著
博士(工学) 吉村 優治
工学博士 塩野 計司

コロナ社

環境・都市システム系 教科書シリーズ編集委員会

編集委員長	澤	孝平	(元明石工業高等専門学校・工学博士)
幹　　　事	角田	忍	(明石工業高等専門学校・工学博士)
編集委員	荻野	弘	(豊田工業高等専門学校・工学博士)
(五十音順)	奥村	充司	(福井工業高等専門学校)
	川合	茂	(舞鶴工業高等専門学校・博士(工学))
	嵯峨	晃	(元神戸市立工業高等専門学校)
	西澤	辰男	(石川工業高等専門学校・工学博士)

(2008年4月現在)

刊行のことば

　工業高等専門学校（高専）や大学の土木工学科が名称を変更しはじめたのは1980年代半ばです。高専では1990年ごろ，当時の福井高専校長 丹羽義次先生を中心とした「高専の土木・建築工学教育方法改善プロジェクト」が，名称変更を含めた高専土木工学教育のあり方を精力的に検討されました。その中で「環境都市工学科」という名称が第一候補となり，多くの高専土木工学科がこの名称に変更しました。その他の学科名として，都市工学科，建設工学科，都市システム工学科，建設システム工学科などを採用した高専もあります。

　名称変更に伴い，カリキュラムも大幅に改変されました。環境工学分野の充実，CADを中心としたコンピュータ教育の拡充，防災や景観あるいは計画分野の改編・導入が実施された反面，設計製図や実習の一部が削除されました。

　また，ほぼ時期を同じくして専攻科が設置されてきました。高専〜専攻科という7年連続教育のなかで，日本技術者教育認定制度（JABEE）への対応も含めて，専門教育のあり方が模索されています。

　土木工学教育のこのような変動に対応して教育方法や教育内容も確実に変化してきており，これらの変化に適応した新しい教科書シリーズを統一した思想のもとに編集するため，このたびの「環境・都市システム系教科書シリーズ」が誕生しました。このシリーズでは，以下の編集方針のもと，新しい土木系工学教育に適合した教科書をつくることに主眼を置いています。

（1）　図表や例題を多く使い基礎的事項を中心に解説するとともに，それらの応用分野も含めてわかりやすく記述する。すなわち，ごく初歩的事項から始め，高度な専門技術を体系的に理解させる。

（2）　シリーズを通じて内容の重複を避け，効率的な編集を行う。

（3）　高専の第一線の教育現場で活躍されている中堅の教官を執筆者とす

る。

　本シリーズは，高専学生はもとより多様な学生が在籍する大学・短大・専門学校にも有用と確信しており，土木系の専門教育を志す方々に広く活用していただければ幸いです。

　最後に執筆を快く引き受けていただきました執筆者各位と本シリーズの企画・編集・出版に献身的なお世話をいただいた編集委員各位ならびにコロナ社に衷心よりお礼申し上げます。

2001年1月

編集委員長　澤　　孝　平

まえがき

　わが国では，これまで，台風，豪雨，豪雪，地すべり，地震，火山噴火などの数多くの自然災害が発生して多大な被害を受けてきており，今後も引き続き各種の自然災害による被害を受けやすい状況にあると考えられる。建設系の工学の分野は，社会資本を整備・維持し，人々の暮らしや各種の社会・経済活動を支える工学であり，このような自然災害の脅威に対して人々の暮らしや種々の活動を安全なものとすることがその使命の一つといえる。すなわち自然災害が社会資本に及ぼす影響を可能な限り軽減することが，建設系分野に課せられた大きな役割といえる。社会の急速な変化に応じて災害の形態や影響も変化しており，その変化や影響を適切に予測して事前の対策により自然災害を軽減することは，調和的かつ安全な社会環境づくりに欠かせない重要な課題である。このようなことから，高等専門学校において建設系分野を専攻する学生にとって，防災工学を学ぶことは重要な意味をもつといえる。

　本書は，今後の社会資本の整備や維持の面で重要となる防災に関わる工学的な知識を幅広く学ぶことを目的としている。取り上げる自然災害は，地震災害，河川・土石流災害と海岸災害，地盤災害，火山災害など多岐に亘っており，また，各災害の内容やその原因，対策等に関する記述は，専門分野の広い範囲に及んでいる。このため，本書の内容を学習する対象学生の学年は，専門分野の基礎的事項を学習した後の，高専の高学年である5年次あるいは4年次後半が望ましいと考えられる。

　これまで防災工学は大きな自然災害を経験するたびにその内容を常に発展させてきているが，近年の自然災害の影響が急激に増大する傾向にあることから，自然災害の影響を軽減すべき課題も増加するという面を有している。例えば，近年，近代都市で生じる巨大災害に備えることが特に重要な問題となって

いることなど，自然災害の影響は拡大化・複雑化し，防災工学が対処すべき問題や課題には解決の困難なものも増えているのが現状と考えられる。このため学生諸君には，本書の内容を基礎的事項として学習した後，各種災害や専門分野に応じて解決すべき課題に対処すべく，さらに学習内容を発展させるように考えてもらいたい。そのような意味で，高等専門学校で学ぶ建設系の学生諸君には，技術者として，自然災害軽減のために，どのようなことを考え，実現すべきかを常に意識するように心掛けてほしい。本書が，防災工学の基礎的内容の学習に資することを期待する。

本書の執筆担当は，1章（渕田），2章（渕田），3章（疋田），4章（吉村），5章（檀），6章（渕田），7章（塩野）である。著者らはいずれも高専の環境都市工学系にあって，各種の自然災害に関連する分野で幅広く活動している。なお，ページ数の制約などで十分に説明できていない箇所や，また，著者らの力不足で不十分な表現や誤った表現をしている箇所があるかもしれない。読者のみなさまのご叱正を乞う次第である。

最後に，本書の執筆では多くの資料や文献を参考にしており，章末に参考とした文献やURLを示しているが，これら著者の方々に対して深甚なる謝意を表する次第である。また，本書が出版されるまでの長い間，ご尽力いただいたコロナ社をはじめ，関係者のみなさまにも厚くお礼を申し上げる次第である。

2014年1月

著　者

目　　　次

1.　自然災害と防災概説

1.1　地　震　災　害 ·· 1
1.2　河川・土石流災害と海岸災害 ·· 4
1.3　地盤災害と火山災害 ·· 5
1.4　災害対策と防災計画 ·· 6

2.　地　震　災　害

2.1　おもな地震災害 ··· 7
2.2　地震のメカニズム ·· 9
　2.2.1　地　震　断　層 ··· 9
　2.2.2　地震の発生する場所とメカニズム ·································· 10
　2.2.3　マグニチュードと震度階 ··· 12
2.3　地震動とその特性 ··· 18
　2.3.1　地震波とその性質 ·· 18
　2.3.2　地震計と強震観測 ·· 19
　2.3.3　地震動の特性 ·· 22
　2.3.4　地盤の震動特性 ··· 22
2.4　各種構造物の地震被害と対策 ··· 24
　2.4.1　橋　　　　　梁 ··· 24
　2.4.2　ライフライン（地下構造物） ·· 25
　2.4.3　土　構　造　物 ··· 27
　2.4.4　河川関係施設 ·· 28
　2.4.5　港湾・海岸構造物 ·· 28

2.5 耐震設計法・免震・制震……………………………………………29
　2.5.1 耐震設計の流れ……………………………………………29
　2.5.2 震　度　法………………………………………………32
　2.5.3 地震時保有水平耐力法……………………………………34
　2.5.4 応　答　変　位　法………………………………………37
　2.5.5 動　的　解　析　法………………………………………38
　2.5.6 不規則振動解析……………………………………………42
　2.5.7 免　震・制　震…………………………………………43
演　習　問　題………………………………………………………44

3. 河川・土石流災害

3.1 水文学の知識………………………………………………………46
　3.1.1 豪　雨　災　害……………………………………………46
　3.1.2 超　過　確　率……………………………………………47
3.2 水　文　統　計……………………………………………………47
　3.2.1 確率密度関数………………………………………………47
　3.2.2 確率水文量の推定…………………………………………50
3.3 河　川　災　害……………………………………………………51
　3.3.1 治水の歴史と河川法の改正………………………………51
　3.3.2 都市水害のメカニズム，問題点とその対策……………52
　3.3.3 都市化と水害に対する住民の対応………………………53
　3.3.4 事例：鹿児島豪雨災害……………………………………54
　3.3.5 事例：川内川の洪水ハザードマップ……………………61
3.4 土　石　流　災　害………………………………………………64
　3.4.1 土石流災害の特徴…………………………………………64
　3.4.2 土石流発生の予知…………………………………………65
　3.4.3 土石流災害の問題点とその対策…………………………67
　3.4.4 事例：土石流災害…………………………………………69
演　習　問　題………………………………………………………69

4. 海岸災害

- 4.1 おもな海岸災害と波の種類 ··· 70
- 4.2 高波災害 ··· 72
  - 4.2.1 高波災害の実態 ··· 72
  - 4.2.2 高波災害の対策 ··· 79
- 4.3 高潮災害 ··· 81
  - 4.3.1 高潮災害の実態 ··· 81
  - 4.3.2 高潮の予知と災害対策 ·· 86
- 4.4 津波災害 ··· 89
  - 4.4.1 津波災害の実態 ··· 89
  - 4.4.2 津波の規模の表示 ·· 101
  - 4.4.3 津波の予測と防災対策 ·· 108
- 4.5 海岸侵食と堆積災害 ·· 118
  - 4.5.1 海岸侵食と堆積の実態 ·· 118
  - 4.5.2 海岸侵食・堆積災害の対策工法 ·· 122
- 4.6 地球温暖化による海面上昇 ··· 126
  - 4.6.1 地球温暖化による海面上昇の実態 ····································· 126
  - 4.6.2 地球温暖化による海面上昇の予測 ····································· 127
  - 4.6.3 地球温暖化による海面上昇への対策 ·································· 128
- 演習問題 ·· 129

5. 地盤災害

- 5.1 地質学の基礎（地盤の生成） ·· 132
- 5.2 土質力学の基礎（有効応力） ·· 135
- 5.3 地盤調査と土質試験 ·· 137
- 5.4 地盤沈下 ··· 138
  - 5.4.1 地盤沈下のメカニズムと実態 ··· 138
  - 5.4.2 地盤沈下の対策工 ·· 144

viii　目　　次

5.5　地盤の液状化 ……………………………………………… *144*
　5.5.1　液状化のメカニズムと実態 ………………………… *144*
　5.5.2　液状化の予測と対策工 ……………………………… *146*
5.6　斜　面　災　害 ……………………………………………… *149*
　5.6.1　斜面災害のメカニズムと実態 ………………………… *149*
　5.6.2　斜面災害の対策工 …………………………………… *153*
演　習　問　題 ………………………………………………… *154*

6.　火　山　災　害

6.1　火山噴火のメカニズム ……………………………………… *155*
6.2　火山噴火の種類 ……………………………………………… *156*
6.3　火山噴火災害の例 …………………………………………… *158*
　6.3.1　日本での火山噴火 …………………………………… *158*
　6.3.2　外国での火山噴火 …………………………………… *163*
6.4　火山災害対策 ………………………………………………… *165*
演　習　問　題 ………………………………………………… *166*

7.　災害対策と防災計画

7.1　災害対策の全体像 …………………………………………… *167*
　7.1.1　防災基本計画 ………………………………………… *167*
　7.1.2　災害の種類 …………………………………………… *169*
　7.1.3　対策の種類―災害発生との時間的関係 …………… *171*
　7.1.4　災害対策の背景 ……………………………………… *173*
　7.1.5　災害対策の主体 ……………………………………… *177*
7.2　予　防　対　策 ……………………………………………… *180*
　7.2.1　予防対策の目標 ……………………………………… *180*
　7.2.2　災害に強い国づくり，まちづくり ………………… *181*
　7.2.3　応急対策や復旧・復興への「備え」 ……………… *185*
　7.2.4　国民の防災活動の推進 ……………………………… *186*
　7.2.5　研究や観測の推進 …………………………………… *186*

7.3 応急対策……………………………………………190
7.3.1 応急対策の組立て……………………………190
7.3.2 活動体制の構築………………………………192
7.3.3 被災者の救済…………………………………193
7.3.4 住宅の被害調査………………………………197
7.3.5 被災地域の救済………………………………198
7.4 復旧・復興対策…………………………………199
7.4.1 復旧・復興体制…………………………………199
7.4.2 復旧・復興計画…………………………………200
7.4.3 被災者の生活再建………………………………200
7.4.4 公共施設の復旧事業費…………………………203
演習問題……………………………………………206

引用・参考文献………………………………………207
演習問題解答…………………………………………212
索引……………………………………………………221

1

自然災害と防災概説

　わが国は，台風，豪雨，豪雪，地すべり，地震，火山噴火などの自然災害が発生しやすい気象的，地形・地質学的特性を有しており，世界でも有数の大災害が頻発する国といえる。このため災害防止に種々の施策がなされてきているが，社会の急速な変化に応じて災害もその形態や影響が変化しており，自然災害を軽減することが，調和的かつ安全な社会環境づくりに欠かせない重要な課題といえる。

　本書は，これからの社会で必要となる防災に関わる工学的な知識を学ぶことを目的として，自然災害として，地震災害，河川・土石流災害と海岸災害，地盤災害，火山災害をおもなものとして取り上げ，各災害の内容やその原因，対策等について記述し，防災工学が対象とする自然災害の概要について把握することを目指すものである。さらに近年，近代都市で生じる巨大災害に備えることが特に重要な問題となっていることから，都市災害の種類，特色，原因とその対策等について，防災基本計画の内容を中心に記述して理解を深めることとする。

　このような理解をもとに，今後，自然災害軽減のためにどのようなことを考え実現すべきかについて，技術者として具備することをねらいとする。

　本章では，過去に起った各種の自然災害について，おもなものを取り上げて歴史的な経緯について述べる。

1.1　地　震　災　害

　わが国で明治以降に生じた自然災害で最大規模のものとして，死者が10万人を超えた関東地震による大震災が挙げられる。1923年9月1日に発生したこの震災では，強い地震動の揺れに伴い各種の構造物に多数の被害が生じた

が，同時に発生した火災は多くの家屋焼失と人命損失の原因となり，約70万棟の建築物の被害と，死者・行方不明者14万人以上の未曾有の大災害となった。この地震を契機として，各種構造物の耐震設計に関する検討が開始され，震度法による耐震設計が採用されるなど，この地震はその後の耐震設計の発展へとつながる出発点として位置付けられる。

関東地震以降も地震災害はたびたび生じており，1927年3月の北丹後地震では内陸部直下型地震の大きな揺れで死者2925人，1933年3月の昭和三陸沖地震では大津波の影響で死者・行方不明3064人，1943年9月の鳥取地震では火災発生もあり死者1083人，1944年12月の東南海地震では死者・行方不明1251人，1945年1月の三河地震では死者1961人，1946年の南海地震では死者1330人，さらに1948年の福井地震では内陸直下型地震で死者3769人と，それぞれ1000人以上の多数の犠牲者を生じる大災害が続いて発生した[1]†。

その後も大きな地震は数多く発生し，それに伴う大きな地震災害を経験するたびに，新しい被害状況や現象が確認され，課題として研究され，その成果が耐震設計に反映されることが繰り返されて，わが国の耐震設計は徐々に発展してきている。

1964年の新潟地震では，信濃川に沿って形成された新潟市において液状化現象が顕著に観察され，これを契機として液状化に関する研究が活発に行われるようになった。現在では，研究の成果によって各種の耐震基準類に液状化に対する規定が盛り込まれている[2]。1978年の宮城県沖地震では，水道管，ガス管などのいわゆるライフラインとよばれる都市施設の被害が都市における社会活動や一般市民の生活に大きく影響を及ぼしたことから，都市災害という観点が注目されるようになった。1983年の日本海中部地震と1993年の北海道南西沖地震では津波による多数の犠牲者が出たことから，地震による津波への対策の重要性が改めて認識されることになった。

1948年の福井地震以降の約50年間は，1000人を超える多数の死者が生じ

---

† 肩付き数字は，巻末の引用・参考文献の番号を表す。

るような地震による大災害の脅威を経験することがなく，歴史的には空白ともいえる期間が経過した。

しかし，1995年の兵庫県南部地震による阪神・淡路大震災は，近代都市が直下地震の直撃を受けて死者6 308人の大災害となり，壊滅的な被害を生じた巨大災害として数多くの問題を露呈することとなった。規模の大きな地震に対して大都市がもつ脆弱な点は地震に対する備えが不十分であることを示しており，地震防災の重要性を再認識することとなった。この地震を契機として，通常の地震よりもより強い地震動である，いわゆるレベル2地震動に対する耐震設計法が検討され[3]，多くの基準が改定されるとともに地震観測網が整備され，多種多様な地震防災への取組みも行われるようになった。

兵庫県南部地震以降もたびたび地震が発生して被害を生じているが，2011年の東北地方太平洋沖地震は，地震の規模がマグニチュード9.0という日本周辺における観測史上最大の地震であった。一般には東日本大震災といわれている。この地震の震源域は，岩手県沖から茨城県沖までの南北約500 km，東西約200 kmのおよそ10万平方キロメートルという広範囲に及んでおり，最大震度は宮城県栗原市で観測された震度7で，震度6強を観測した地域も宮城・栃木・福島・茨城の4県に及んでいる。2012年11月時点で，震災による死者・行方不明者は約19 000人に達している。

この地震により波高10 m以上，最大遡上高40.1 mにも上る大津波が発生し，東北地方と関東地方の太平洋沿岸部に壊滅的な被害をもたらした。東京電力福島第一発電所では，全電源を喪失して原子炉を冷却できなくなり，水素爆発と炉心溶融（メルトダウン）により大量の放射性物質の漏洩を伴う重大な原子力事故に発展した。さらに，地震の揺れや液状化現象，地盤沈下，ダムの決壊などによって，北海道南岸から東北を経て東京湾を含む関東南部に至る広大な範囲で被害が発生し，各種ライフラインが寸断された。

大震災による影響の新たな面を見せるこの地震により，今後の地震防災がいろいろな面で改善を余儀なくされており，近い将来発生が予想される巨大地震に対して取り組むべき課題はさらに増大し，社会の要求として地震防災への取

組みをこれまで以上に強化し継続していく努力が求められている。

1.2 河川・土石流災害と海岸災害

一方，地震災害以外に目を向けると，河川や海岸で生じる災害が注目される。これらの災害はその原因から気象災害ともいわれるものであり，台風によるものと梅雨時期の集中豪雨によるものとに大別される風水害とも捉えられる。豪雨に伴い発生する河川の氾濫は洪水を引き起こすことになり，台風の際には沿岸部での高潮による被害が生じる場合がある。1938年には阪神地方に記録的な大雨があり，六甲山で大規模な山崩れが発生して神戸市などで大水害が起きている。1953年に北九州地方，1961年に関東・長野地方，1967年に西日本，1972年に九州から関東までの広い範囲において梅雨期の豪雨災害が発生している。

また7月中旬から下旬にかけての梅雨末期には，しばしば局地的な集中豪雨があり，特に西日本で現れやすい。1957年の長崎県諫早市周辺，1982年の長崎市とその付近，1983年の山陰地方西部，さらに1993年の鹿児島県においてそれぞれ短時間に記録的な集中豪雨が降り，甚大な災害が起きている[1]。集中豪雨の最大の特徴は短時間に大量の雨が降ることであり，特に梅雨前線が停滞して雨が続いた後に局地的な大雨が降ると，洪水や土石流などの土砂崩壊が起りやすくなる。

1934年の室戸台風は，四国の室戸岬付近に上陸して淡路島を通り大阪を襲った。大阪湾の平均潮位が上昇して高潮が発生し，大阪市内の西半分が冠水して多くの木造家屋が倒壊するという被害が起った。1959年の伊勢湾台風は伊勢湾に未曾有の高潮を発生させて，愛知県・三重県の沿岸に甚大な被害を及ぼし，数万人の死者が出て台風による災害では過去最大規模のものとなった[1]。

このような激甚災害をもたらした台風の襲来が1934年から1959年までに集中しているのは近代における台風災害の大きな特徴であり，1931年から1960年までの30年間における台風による死者数は，10年当り5000人から1万人

にも達している。これに対して，1961年以降の死者数が大きく減少しているのは，台風に関する情報が正確になったこと，防災対策が進んで大洪水や高潮災害が少なくなったことなどが理由と考えられる。

2004年の台風18号，2011年の台風12号，2012年の梅雨前線性豪雨など，2000年以降の台風や梅雨前線性の豪雨は時間雨量が数10〜100 mm以上，数日間の総雨量が数100〜1 000 mm以上の集中的かつ超大規模となり，それに伴い予想をはるかに超える大被害が発生している。

1.3 地盤災害と火山災害

わが国の地形はその大半を山地が占めて平野部は限られていることから，平野に近い山や丘陵地などが開発されて社会活動に供されている。このため，平野部でも背後に接する山や丘陵地では地質不良や地形不良による斜面崩壊・地すべりなどの災害が，また山間部では土石流などが多数生じている。

これらの災害は特に梅雨の時期を中心に大雨による影響を受けて数多く発生しており，地盤災害として日本全体で毎年いずれかの場所で生じている。地震時にも斜面崩壊などの土砂災害が発生することが多いが，これらに加えて沿岸部付近では液状化現象が生じる事例が多く，港湾施設やライフラインなどへの影響が大きい。

このような地盤災害の危険地区は全国に無数にあり，限られた安全な場所を超えて市街地が開発されて拡大してきたことも影響している。災害の影響を受けやすい場所で社会生活が営まれていることから，地盤災害への備えも重要な課題の一つとして認識されるべきものといえる。

一方，わが国は環太平洋火山帯に位置して多くの火山を有しており，火山の近くで生活を営むことも多いことから，古くから火山活動に伴う災害を数多く受けてきている。近年でも雲仙普賢岳の噴火など日本各地で火山活動に伴う災害の影響を数多く受けている。

現在も活動を続けている活火山として，北海道の有珠山，長野・群馬の境に

位置する浅間山，伊豆大島の三原山，伊豆諸島の三宅島の火山，大分県の九重連山，熊本県の阿蘇山，長崎県の雲仙普賢岳，鹿児島県の桜島などが代表的な火山の例として挙げられる。火山活動による影響は長期化することが多く，これに対処する方策も重要な課題である。

1.4 災害対策と防災計画

　1959年の伊勢湾台風の災害を契機として1961年に「災害対策基本法」が制定され，その後の防災関係行政の基本方針とされてきている[4]。そのおもな内容は，防災責任の明確化，防災体制，防災計画，災害予防，災害応急対策，災害復旧対策，災害などに対する財政措置および災害緊急事態に対する措置である。組織として国レベルでは中央防災会議が設けられており，中央防災会議は各種防災計画の基本となる防災基本計画の策定とその実施の推進，防災に関する重要事項の審議などを行っている。

　しかしながら，災害対策基本法は台風による大災害を契機として制定されたことから，都市の成長に伴う大規模な地震による巨大災害の可能性の高まりなどへ対応できていない面もあり，1995年の阪神淡路大震災に見られたような新たな課題が露呈してきたため，1995年に改訂され，その後，何度か修正が行われている。社会全体が早いスピードで変化している状況の中で自然災害も変化してきており，災害に対して行政的に対応するためには各種の法整備も課題となっている[4]。

2

地 震 災 害

　地震による災害は自然災害の中でもその規模や影響範囲が大きく，ときに甚大な災害をもたらすことから，安全な社会生活を送るためには地震災害に対する十分な配慮が必要であり，地震災害を軽減することが重要な課題といえる。本章では，まず災害の原因となる地震に関してその発生メカニズムや特性について述べ，地盤や構造物に及ぼす影響を概観した後，耐震設計に関わる事項について説明する。

2.1　おもな地震災害

　表 2.1 は，近代以降の国内外における被害地震の例を示している。

表 2.1　近代以降のおもな被害地震

(M：マグニチュード)

発生年月日	地震名	M	被害概要
1891.10.28	濃尾地震	8.0	最大級の内陸地震。死者 7 273
1896.06.15	明治三陸沖地震	8.5	大津波。死者 2 万余
1906.04.18	サンフランシスコ地震（USA）	8.3	死者 700 以上
1923.09.01	関東地震	7.9	死者・行方不明 14 万余
1927.03.07	北丹後地震	7.3	死者 2 925
1933.03.03	昭和三陸沖地震	8.1	死者・行方不明 3 064
1943.09.10	鳥取地震	7.2	死者 1 083
1944.12.07	東南海地震	7.9	死者・行方不明 1 251
1945.01.13	三河地震	6.8	死者 1 961
1946.12.21	南海地震	8.0	死者 1 330
1948.06.28	福井地震	7.1	死者 3 769

2. 地震災害

表2.1 つづき

発生年月日	地震名	M	被害概要
1960.05.22	チリ地震（チリ）	8.5	日本に津波被害。死者・不明142
1964.06.16	新潟地震	7.5	地盤の液状化が特徴
1968.05.16	十勝沖地震	7.9	死者43
1976.07.28	唐山地震（中国）	7.8	死者243 000
1978.06.12	宮城県沖地震	7.4	ライフラインの被害が特徴
1983.05.26	日本海中部地震	7.7	津波による死者多数。死者104
1985.09.19	ミチョアカン地震（メキシコ）	8.1	メキシコシティーで被害大。死者10 000
1989.10.18	ロマプリータ地震(USA)	7.1	ベイブリッジ，2層式高架橋の破壊
1993.01.15	釧路沖地震	7.8	最大加速度919 galを記録
1993.07.12	北海道南西沖地震	7.8	津波による被害大。死者・行方不明230
1994.01.17	ノースリッジ地震(USA)	6.8	都市直下地震により最大級の被害額
1994.10.04	北海道東方沖地震	8.1	港湾施設等の被害
1994.12.28	三陸はるか沖地震	7.5	青森県八戸市で被害多数
1995.01.17	兵庫県南部地震	7.2	大都市直下の地震による激甚災害。死者6 308
1999.08.17	コジャエリ地震（トルコ）	7.4	死者16 000。建物等に多数の被害
1999.09.21	集集地震（台湾）	7.3	死者2 294。断層変位による構造物被害多数
2001.03.24	2001 芸予地震	6.4	死者2，負傷288
2003.09.26	2003 十勝沖地震	8.0	死者1，不明1，津波255 cm
2004.10.23	新潟県中越地震	6.8	死者67，負傷4 805
2004.12.26	スマトラ島沖地震（インドネシア）	8.8	死者約227 800。巨大津波
2005.03.20	福岡県西方沖地震	7.0	死者1，負傷1 087
2007.03.25	2007 能登半島沖地震	6.9	死者1，負傷359
2007.07.16	2007 新潟県中越沖地震	6.8	死者15，住家全半壊6 900棟
2008.5.12	四川大地震（中国）	8.0	死者・不明87 000。家屋倒壊21万棟
2008.06.14	2008 岩手・宮城内陸地震	7.2	死者13，不明10
2008.07.24	岩手県沿岸北部地震	6.8	死者1，負傷211
2009.08.11	駿河湾地震	6.5	死者1，負傷319
2010.01.12	ハイチ地震（ハイチ）	7.0	死者約316 000
2011.03.11	東北地方太平洋沖地震	9.3	死者・不明26 000。津波による被害甚大

2.2 地震のメカニズム

2.2.1 地震断層

地震は断層によって起ることが定説とされている。その発生メカニズムは，深さ数10～数100 kmの地殻とよばれる地球の内部において，二組の偶力によってたがいに逆方向に力を受けている部分が，徐々にひずみを蓄積してその限界に達し，断層面が破壊してその両側がくい違うことによって地震が発生すると説明される[5]。これを弾性反発による地震断層という。

地震断層を表す諸量として，断層面両側の相対的なくい違い量，断層面の方向，水平面に対する傾斜角，くい違いの方向などがあり，これらによって断層の力学的特性を記述し，地震動を推定する理論が構築されている。後述の地震の規模を表すマグニチュードが大きなものほど，この断層面も大きいとされている。

断層には，断層面の両側の相対的な動き方，すなわちずれの方向によって図2.1のような種類がある。鉛直方向へのずれ方によって，上盤が下盤に対して鉛直下方に動く場合を正断層，逆に上方に動く場合を逆断層という。水平方向へのずれ方によって，断層面を境にして手前側より向こう側が右にずれるものを右横ずれ断層，逆に左にずれるものを左横ずれ断層という。実際には鉛直方向のずれ（縦ずれ）と横ずれとの組合せで断層が動くことになる。

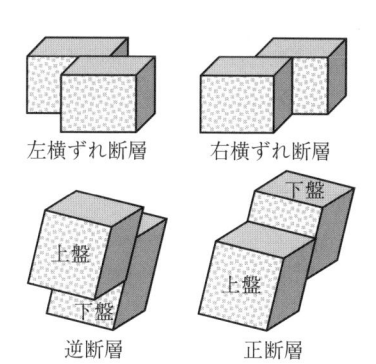

図2.1 断層の種類

2.2.2 地震の発生する場所とメカニズム

断層によって生じる地震は，発生メカニズムや場所によって大きく二つの種類に分けられる。一つは大陸の海沿いなどに多く見られる地震でプレート境界型地震とよばれるものであり，もう一つは内陸部の比較的浅い部分で生じる直下型地震とよばれるものである。

プレート境界型地震は，プレートテクトニクス理論により以下のように説明される[5),6)]。地球の表面付近の地殻はプレートとよばれる厚い板状のもので覆われており，このプレートはその下のマントルとよばれる部分の動きに沿ってマントル上を移動する。マントルは海洋の中央部（海嶺）から地殻表面に出てきて海洋の周辺部へと移動し，大陸部に近い海溝とよばれるところで地殻内部に潜り込むように動いており，このプレートの潜り込む付近がプレート境界にあたる。

図2.2のように，海洋から動いてきたプレートは陸側のプレートの下に潜り込むが，このとき陸側のプレートに圧力が掛かり，これにひずみが蓄積していく。このひずみが限界にまで大きくなったときにプレートに破壊が生じ，この破壊が波動となって地殻を伝わり地上に達したものが地震であり，破壊した部分が断層となる。

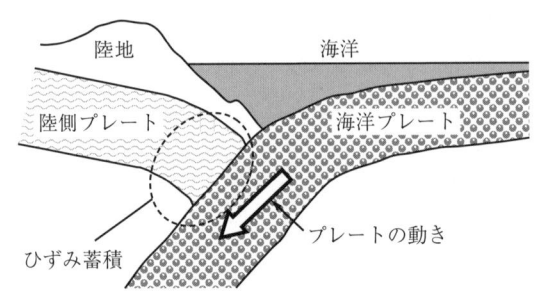

図2.2 プレート境界での地震発生メカニズム[7)]

このようなプレートテクトニクス理論で説明されるタイプの地震は，北アメリカ大陸の西海岸や日本付近のプレートで起る。日本付近には，**図2.3**のように，北米プレート，ユーラシアプレート，太平洋プレート，フィリピン海プ

2.2 地震のメカニズム

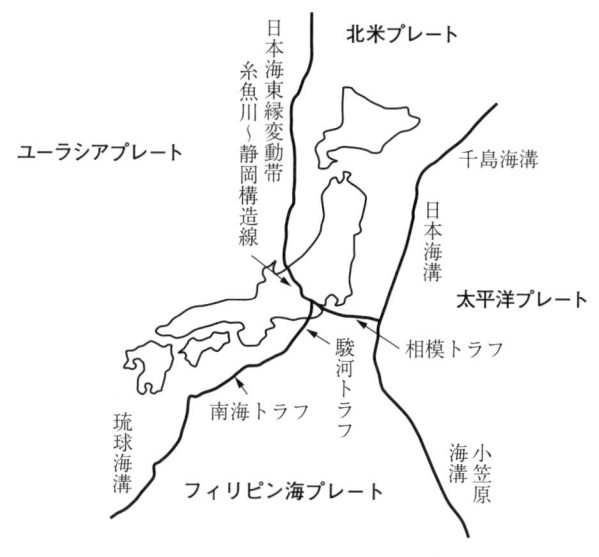

図2.3 日本付近のプレート[7]

レートという四つのプレートが互いに接しており，それぞれの境界付近でしばしば地震を生じている[7]。

地震は上記のようにプレートを構成する岩石の破壊によって生じるが，その破壊現象が最初に始まった地点を震源といい，その地表からの深さを震源深さ，震源の真上の地上の点を震央とよぶ[8]。また震源，震央と地表観測点との間の距離をそれぞれ震源距離，震央距離という（**図2.4**）。

一方，直下型地震は，内陸部で複雑な圧力を受けている断層（これを活断層という）によって生じる地震で，震源が浅いことから強い地震動を伴う場合が

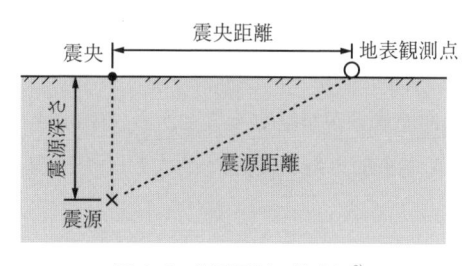

図2.4 地震震源の模式図[8]

多い。活断層による直下型地震が特に大都市直下で生じる場合には，巨大災害につながる恐れがあり，阪神淡路大震災の例で顕著となったように，この種の地震に対する備えは重要な課題である。

2.2.3　マグニチュードと震度階

本項では地震の大きさを表す指標としてよく使われる「マグニチュード」と「震度」について説明する[9]。

地震動の変位振幅は震源域での運動の直接的な影響が顕著であり，地震の大きさを表す指標に適している。リヒター（Richter）は，まず地震の標準的な大きさを定義し，他の地震の大きさを測るのに，観測条件を等しくしたうえで最大記録振幅が標準的な地震の何倍であるかによって地震の規模を表すことを定義した。この定義に基づく地震の規模はリヒターのローカルマグニチュード（記号で M_L）とよばれ，次式のように表される。

$$M_L = \log\left\{\frac{A(\Delta)}{A_0(\Delta)}\right\} = \log A(\Delta) - \log A_0(\Delta) \qquad (2.1)$$

ここに，Δ：震央距離，A_0, A：標準地震および調査する地震の最大振幅。$M_L = 0$（$= \log 1$）の地震とは，震央距離100 kmの地点でのWood-Anderson（ウッドアンダーソン）型の地震計に $1\,\mu m$ の最大記録振幅を与えるものとされている。カリフォルニアの局地地震について，リヒターはつぎの経験式を得ている。

$$M_L = \log a + 3\log\Delta - 2.92 \qquad (2.2)$$

ここに，a：地動振幅〔μm〕，Δ：震央距離〔km〕である。

上式は震央距離が 600 km 以内で定義されるものであり，震央距離が 600 km を超える場合には表面波成分が卓越することから，Gutenbergは式 (2.2) に定数 α, β を用いて補正項を加えた表面波マグニチュード M_S を次式のように定義した。

$$M_S = \log a + \alpha\log\Delta + \beta \qquad (2.3)$$

気象庁では日本付近の浅い震源の地震のマグニチュード（記号 M_J）を，つぎのように定義している。

$$M_J = \log a + 1.73 \log \Delta - 0.83 \quad (2.4)$$

以上のマグニチュードは深さ約 60 km 以内の浅い地震に適用されるもので，これより深い地震の表面波では使えない。そこで，深さ数 100 km にも達する地震においては実体波マグニチュード m_b が使われている。この実体波マグニチュードと表面波マグニチュードとの間には，以下のような関係がある。

$$m_b = 0.63\, M_S + 2.5 \quad (2.5)$$

以上の種々のマグニチュードは地震の大きさや発生場所によって定義が異なるもので，地震の規模を直接比較するには注意が必要である。特に巨大地震の場合は，上記の各マグニチュードでそれぞれの定義による適用条件の違いのため比較はできないが，断層の大きさとくい違い量とから定義される，次式のようなモーメントマグニチュード（記号 M_W）による比較が妥当といわれている[5]。

$$M_W = \frac{\log M_0 - 9.1}{1.5} \quad (2.6)$$

$$M_0 = \mu D S$$

ここに，M_0：地震モーメント，μ：地震発生地点の剛性率，D：震源断層の平均変位量，S：震源断層の面積である。

一方，地震のもつエネルギー E と表面波マグニチュード M_S との間には正の相関関係があり，Gutenberg とリヒターの研究によるつぎの関係式が広く参照されている。

$$\log E = 1.5\, M_S + 11.8 \quad (2.7)$$

ここに，E：地震のエネルギー（単位：エルグ（$1\,\mathrm{erg} = 10^{-7}\,\mathrm{J}$））である。

工学の分野では，地盤や構造物の加速度を重力加速度に対する比で表したものを震度とよんでおり，地震の際に一般に使用されているような気象庁発表の「震度」は正確には「震度階」といい，区別されるものである。地震によって構造物等に作用する地震力は，加速度と構造物の質量との積による慣性力で理解されるため，耐震解析においては加速度を重要視して地震の強さを表すのに

14　2. 地震災害

震度が用いられてきた。震度階は気象庁によって定められており，阪神淡路大震災以降は，**表2.2**のように10段階の区分で使われている[10],[17]。これに対して欧米では改正メルカリ震度階が使われている。

表2.2 気象庁震度階級関連解説表（一部抜粋：1996制定[10]，2009改訂[17]）

（a）人の体感・行動，屋内の状況，屋外の状況

震度階級	人の体感・行動	屋内の状況	屋外の状況
0	人は揺れを感じないが，地震計には記録される	—	—
1	屋内で静かにしている人の中には，揺れをわずかに感じる人がいる	—	—
2	屋内で静かにしている人の大半が，揺れを感じる。眠っている人の中には，目を覚ます人もいる	電灯などのつり下げ物が，わずかに揺れる	—
3	屋内にいる人のほとんどが，揺れを感じる。歩いている人の中には，揺れを感じる人もいる。眠っている人の大半が，目を覚ます	棚にある食器類が音を立てることがある	電線が少し揺れる
4	ほとんどの人が驚く。歩いている人のほとんどが，揺れを感じる。眠っている人のほとんどが，目を覚ます	電灯などのつり下げ物は大きく揺れ，棚にある食器類は音を立てる。座りの悪い置物が，倒れることがある	電線が大きく揺れる。自動車を運転していて，揺れに気付く人がいる
5弱	大半の人が，恐怖を覚え，物につかまりたいと感じる	電灯などのつり下げ物は激しく揺れ，棚にある食器類，書棚の本が落ちることがある。座りの悪い置物の大半が倒れる。固定していない家具が移動することがあり，不安定なものは倒れることがある	まれに窓ガラスが割れて落ちることがある。電柱が揺れるのがわかる。道路に被害が生じることがある
5強	大半の人が，物につかまらないと歩くことが難しいなど，行動に支障を感じる	棚にある食器類や書棚の本で，落ちるものが多くなる。テレビが台から落ちることがある。固定していない家具が倒れることがある	窓ガラスが割れて落ちることがある。補強されていないブロック塀が崩れることがある。据付けが不十分な自動販売機が倒れることがある。自動車の運転が困難となり，停止する車もある

2.2 地震のメカニズム 15

6弱	立っていることが困難になる	固定していない家具の大半が移動し,倒れるものもある。ドアが開かなくなることがある	壁のタイルや窓ガラスが破損,落下することがある
6強	立っていることができず,はわないと動くことができない。揺れにほんろうされ,動くこともできず,飛ばされることもある	固定していない家具のほとんどが移動し,倒れるものが多くなる	壁のタイルや窓ガラスが破損,落下する建物が多くなる。補強されていないブロック塀のほとんどが崩れる
7		固定していない家具のほとんどが移動したり倒れたりし,飛ぶこともある	壁のタイルや窓ガラスが破損,落下する建物がさらに多くなる。補強されているブロック塀も破損するものがある

(b) 木造建物(住宅)の状況

震度階級	木造建物(住宅)	
	耐震性が高い	耐震性が低い
5弱	—	壁などに軽微なひび割れ・亀裂がみられることがある
5強	—	壁などにひび割れ・亀裂がみられることがある
6弱	壁などに軽微なひび割れ・亀裂がみられることがある	壁などのひび割れ・亀裂が多くなる 壁などに大きなひび割れ・亀裂が入ることがある。瓦が落下したり,建物が傾いたりすることがある。倒れるものもある
6強	壁などにひび割れ・亀裂がみられることがある	壁などに大きなひび割れ・亀裂が入るものが多くなる。傾くものや,倒れるものが多くなる
7	壁などのひび割れ・亀裂が多くなる。まれに傾くことがある	傾くものや,倒れるものがさらに多くなる

注1) 木造建物(住宅)の耐震性により二つに区分けした。耐震性は,建築年代の新しいものほど高い傾向があり,おおむね昭和56(1981)年以前は耐震性が低く,昭和57(1982)年以降には耐震性が高い傾向がある。しかし,構法の違いや壁の配置などにより耐震性に幅があるため,必ずしも建築年代が古いというだけで耐震性の高低が決まるものではない。既存建築物の耐震性は,耐震診断により把握することができる。
注2) この表における木造の壁のひび割れ,亀裂,損壊は,土壁(割り竹下地),モルタル仕上壁(ラス,金網下地を含む)を想定している。下地の弱い壁は,建物の変形が少ない状況でも,モルタル等が剥離し,落下しやすくなる。
注3) 木造建物の被害は,地震の際の地震動の周期や継続時間によって異なる。平成20(2008)年岩手・宮城内陸地震のように,震度に比べ建物被害が少ない事例もある。

(c) 鉄筋コンクリート造建物の状況

震度階級	鉄筋コンクリート造建物	
	耐震性が高い	耐震性が低い
5強	—	壁, 梁, 柱などの部材に, ひび割れ・亀裂が入ることがある
6弱	壁, 梁, 柱などの部材に, ひび割れ・亀裂が入ることがある	壁, 梁, 柱などの部材に, ひび割れ・亀裂が多くなる
6強	壁, 梁, 柱などの部材に, ひび割れ・亀裂が多くなる	壁, 梁, 柱などの部材に, 斜めやX状のひび割れ・亀裂がみられることがある 1階あるいは中間階の柱が崩れ, 倒れるものがある
7	壁, 梁, 柱などの部材に, ひび割れ・亀裂がさらに多くなる 1階あるいは中間階が変形し, まれに傾くものがある	壁, 梁, 柱などの部材に, 斜めやX状のひび割れ・亀裂が多くなる 1階あるいは中間階の柱が崩れ, 倒れるものが多くなる

注1) 鉄筋コンクリート造建物では, 建築年代の新しいものほど耐震性が高い傾向があり, おおむね昭和56 (1981) 年以前は耐震性が低く, 昭和57 (1982) 年以降は耐震性が高い傾向がある。しかし, 構造形式や平面的, 立面的な耐震壁の配置により耐震性に幅があるため, 必ずしも建築年代が古いというだけで耐震性の高低が決まるものではない。既存建築物の耐震性は, 耐震診断により把握することができる。
注2) 鉄筋コンクリート造建物は, 建物の主体構造に影響を受けていない場合でも, 軽微なひび割れがみられることがある。

(d) 地盤・斜面等の状況

震度階級	地盤の状況	斜面等の状況
5弱 5強	亀裂[*1]や液状化[*2]が生じることがある	落石やがけ崩れが発生することがある
6弱	地割れが生じることがある	がけ崩れや地すべりが発生することがある
6強 7	大きな地割れが生じることがある	がけ崩れが多発し, 大規模な地すべりや山体の崩壊が発生することがある[*3]

*1 亀裂は, 地割れと同じ現象であるが, ここでは規模の小さい地割れを亀裂として表記している。
*2 地下水位が高い, ゆるい砂地盤では, 液状化が発生することがある。液状化が進行すると, 地面からの泥水の噴出や地盤沈下が起り, 堤防や岸壁が壊れる, 下水管やマンホールが浮き上がる, 建物の土台が傾いたり壊れたりするなどの被害が発生することがある。
*3 大規模な地すべりや山体の崩壊等が発生した場合, 地形等によっては天然ダムが形成されることがある。また, 大量の崩壊土砂が土石流化することもある。

2.2 地震のメカニズム

(e) ライフライン・インフラ等への影響

ガス供給の停止	安全装置のあるガスメーター（マイコンメーター）では震度5弱程度以上の揺れで遮断装置が作動し，ガスの供給を停止する．さらに揺れが強い場合には，安全のため地域ブロック単位でガス供給が止まることがある*
断水，停電の発生	震度5弱程度以上の揺れがあった地域では，断水，停電が発生することがある*
鉄道の停止，高速道路の規制等	震度4程度以上の揺れがあった場合には，鉄道，高速道路などで，安全確認のため，運転見合せ，速度規制，通行規制が，各事業者の判断によって行われる（安全確認のための基準は，事業者や地域によって異なる）
電話等通信の障害	地震災害の発生時，揺れの強い地域やその周辺の地域において，電話・インターネット等による安否確認，見舞い，問合せが増加し，電話等がつながりにくい状況（輻湊）が起こることがある．そのための対策として，震度6弱程度以上の揺れがあった地震などの災害の発生時に，通信事業者により災害用伝言ダイヤルや災害用伝言板などの提供が行われる
エレベーターの停止	地震管制装置付きのエレベーターは，震度5弱程度以上の揺れがあった場合，安全のため自動停止する．運転再開には，安全確認などのため，時間がかかることがある

* 震度6強程度以上の揺れとなる地震があった場合には，広い地域で，ガス，水道，電気の供給が停止することがある．

(f) 大規模構造物への影響

長周期地震動*による超高層ビルの揺れ	超高層ビルは固有周期が長いため，固有周期が短い一般の鉄筋コンクリート造建物に比べて地震時に作用する力が相対的に小さくなる性質をもっている．しかし，長周期地震動に対しては，ゆっくりとした揺れが長く続き，揺れが大きい場合には，固定の弱いOA機器などが大きく移動し，人も固定しているものにつかまらないと，同じ場所にいられない状況となる可能性がある
石油タンクのスロッシング	長周期地震動により石油タンクのスロッシング（タンク内溶液の液面が大きく揺れる現象）が発生し，石油がタンクから溢れ出たり，火災などが発生したりすることがある
大規模空間を有する施設の天井等の破損，脱落	体育館，屋内プールなど大規模空間を有する施設では，建物の柱，壁など構造自体に大きな被害を生じない程度の地震動でも，天井等が大きく揺れたりして，破損，脱落することがある

* 規模の大きな地震が発生した場合，長周期の地震波が発生し，震源から離れた遠方まで到達して，平野部では地盤の固有周期に応じて長周期の地震波が増幅され，継続時間も長くなることがある．

2.3 地震動とその特性

2.3.1 地震波とその性質

震源で生じた地震波は，地殻内を四方八方に伝播(はぱ)して地表面にまで達するが，伝播経路，媒質の種類，形状などにより複雑に変化するため，地表付近の観測点においては震源の特性に加えて観測点に固有の特性をもつ地震動となる。工学で重要となる地震波には図2.5のような種類がある。

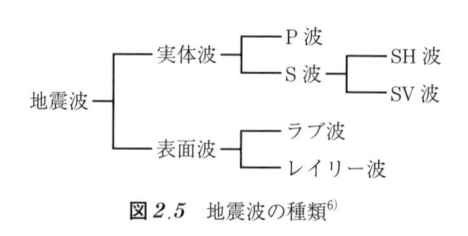

```
                        ┌─ P波
           ┌─ 実体波 ──┤         ┌─ SH波
地震波 ────┤           └─ S波 ──┤
           │                     └─ SV波
           │           ┌─ ラブ波
           └─ 表面波 ──┤
                       └─ レイリー波
```

図2.5 地震波の種類[6]

地殻内を伝わる地震波の性質は，均質な弾性体中を伝わる波動の性質によって説明できることが多く，地震学の分野では弾性波に対する理論的な研究や観測による裏付けが行われてきている[5]。地表面近くで構造物を支持する地盤の地震時の挙動は，第1近似として弾性波の伝播現象により理解される。

図2.6のように連続な弾性体中を伝わる波動には，異なった伝播速度をもつ二つの波動が存在する。一つは体積変化だけを伴うような波動で縦波（疎密

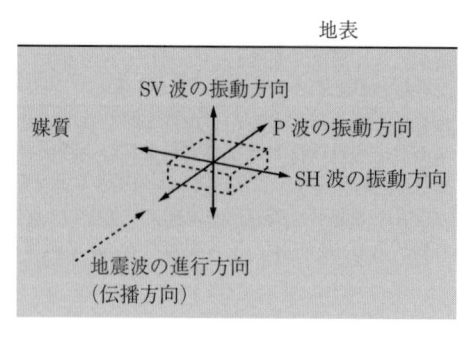

図2.6 実体波の振動および進行方向

波あるいはP波)とよばれ,もう一つは波動の進行方向と変位の方向が垂直な波動で横波(ねじれ波,せん断波あるいはS波)とよばれている。これらの波動は,媒質の実体を伝わる波動であり,実体波ともいわれる。このP波,S波の伝播速度 V_P, V_S は伝播する媒質の弾性係数によって決まり,つぎの関係がある。

$$V_P = \sqrt{\frac{(1-\nu)E}{(1+\nu)(1-2\nu)\rho}}$$
$$V_S = \sqrt{\frac{G}{\rho}}$$
(2.8)

ここに,E:弾性係数,G:せん断弾性係数,ν:ポアソン比,ρ:密度である。

一方,弾性体ではその表面からの距離が大きくなるにつれて振幅が減少し,かつ表面に沿って伝わるような波動が存在する。このような波動が伝播するのは媒質の表面付近に限られており,これを表面波とよんでいる。表面波には,変位成分が伝播方向に垂直な水平成分のみであるラブ波と,体積変化と回転を伴う変位成分の合成であるレイリー波の2種類がある。ラブ波には,その伝播速度が振動数や波長によって変化する「分散性」とよばれる性質があり,実体波とは異なる特性である[9]。

表面波は数秒から十数秒の周期の波動が卓越するため,固有周期が数秒以上になる大規模構造物,長大橋梁,管路構造物などへの影響が大きく,耐震設計への配慮が重要となる。

2.3.2 地震計と強震観測

地表付近に達した地震波による地震動は,地震計によって観測される。地震計の原理は,質点が変位する場合の1自由度系の振動として以下のように説明される[11]。減衰1自由度系の機能をもつ計測器を基礎地盤上におき,基礎地盤が地盤変位 u_g で運動する場合に,この1自由度系の振動中のある瞬間における状態は,図2.7のような座標系で示される。

ここでは簡単のため,振幅 U_g,円振動数 ω の地震動による任意時間 t の地

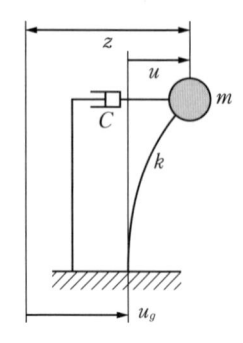

図2.7 減衰1自由度系[11]

盤変位 u_g を正弦波と考えて，これを $u_g = U_g \cos \omega t$ とする。質量 m の地盤変位 u_g に対する相対変位を u とすると，1自由度系の質点に作用する動的な力の釣合い関係より，次式のような運動方程式が成立する。

$$\frac{d^2 u}{dt^2} + 2h\omega_0 \frac{du}{dt} + \omega_0^2 u = U_g \omega^2 \cos \omega t \tag{2.9}$$

ここに，ω_0：1自由度系の固有円振動数（$= \sqrt{k/m}$），m：1自由度系の質量，k：1自由度系のばね係数，h：1自由度系の減衰定数，ω：地震波（正弦波）の円振動数である。

この方程式の解は $u = A\cos(\omega t - \alpha)$ で表すことができ，振幅 A と位相差 α は次式のように表される。

$$\begin{aligned} A &= \frac{(\omega/\omega_0)^2}{\sqrt{\{1-(\omega/\omega_0)^2\}^2 + 4h^2(\omega/\omega_0)^2}} U_g \\ \alpha &= \tan^{-1} \frac{2h(\omega/\omega_0)}{1-(\omega/\omega_0)^2} \end{aligned} \tag{2.10}$$

図2.7の1自由度系において相対変位 u の振幅と位相差を測定することは容易であり，これらを記録することによって，式 (2.10) から地震動の振幅 U_g を求めることが地震計の原理である。この1自由度系の相対変位および振幅は，地震波の振動数と1自由度系の振動数との関係によって以下のようになる。

1) $\omega/\omega_0 \gg 1$ のとき

$$A \approx U_g, \quad \alpha \approx \pi$$
$$u = U_g \cos(\omega t - \pi) = -U_g \cos \omega t = -u_g \qquad (2.11)$$

この場合は相対変位 u が地震動の変位 u_g を表すことになるため，これを記録することによって，地盤の変位を測定できる．すなわち，地震波の振動数よりも1自由度系の固有円振動数 ω_0 を小さくすることによって，変位地震計となる．

2) $\omega/\omega_0 \gg 1$ のとき

$$A \approx \left(\frac{\omega}{\omega_0}\right)^2 U_g, \quad \alpha \approx 0$$
$$u = \left(\frac{\omega}{\omega_0}\right)^2 U_g \cos \omega t = -\frac{\ddot{u}_g}{\omega_0^2} \qquad (2.12)$$

この場合は，系の固有円振動数 ω_0 を地震波の振動数よりも大きくすることによって地震加速度に比例した記録を測定でき，加速度地震計となる．

3) $\omega/\omega_0 \approx 1$ のとき

$$A \approx \left(\frac{\omega}{2h\omega_0}\right) U_g, \quad \alpha \approx \frac{\pi}{2}$$
$$u = \left(\frac{\omega}{2h\omega_0}\right) U_g \cos\left(\omega t - \frac{\pi}{2}\right) = -\frac{\omega u_g}{2h\omega_0} \sin \omega t = -\frac{\dot{u}_g}{2h\omega_0} \qquad (2.13)$$

この場合は，系の固有円振動数 ω_0 を地震波の振動数と同じ程度にすることによって，系の相対変位 u は地盤の速度に比例したものとなり，速度型地震計となる．

以上のような原理に基づく地震計を用いて，気象庁，防災科学研究所，国土交通省，文部科学省，地方自治体，大学，民間企業などの各種の機関で地震観測が実施されている．耐震工学で対象とする地震動は構造物に被害を生じるような強い地震動であり，これを観測することを「強震観測」，強震観測により得られた記録を「強震記録」という．

一方，震度にならないほど小さな微小振動が問題になることもあり，生活環境や健康に関係したり，地震予知の手段として考えられたりしている．

2.3.3 地震動の特性

最大加速度や振動数特性などの地震動の特性は，多数の実測記録に基づいて地震の規模，震央距離，地盤条件と関連付けられており，そのような関係式は，一般にアテニュエーション式とよばれている。そのようなアテニュエーション式の一例として，川島らは地盤上で得られた394成分の強震記録から次式のような関係式を得ている[8]。

$$A_{max} = \begin{Bmatrix} 987.4 \times 10^{0.216M} \\ 232.5 \times 10^{0.313M} \\ 403.8 \times 10^{0.265M} \end{Bmatrix} (\Delta + 30)^{-1.218} \quad \begin{matrix} (\text{Ⅰ種地盤}) \\ (\text{Ⅱ種地盤}) \\ (\text{Ⅲ種地盤}) \end{matrix} \quad (2.14)$$

ここに，A_{max}＝最大加速度〔cm/s^2〕，M＝マグニチュード，Δ＝震央距離〔km〕，Ⅰ種～Ⅲ種地盤＝地盤の平均固有周期により区別される地盤種別（後述 2.5.2 項　震度法の**表 2.6** に記載）である。

上記のようなアテニュエーション特性の一例として，地震動の最大加速度振幅がその伝播に伴って震源からの距離が遠くなるほど小さくなる距離減衰という性質がある。これは地震波動のエネルギーが伝播に伴って消散することを意味しており，式(2.14)では，震央から10 km離れる地点における加速度は，震央での値に比べて数10分の1以下にまで減少することが示されている。

2.3.4 地盤の震動特性

地震動の強さは地震の規模，震央距離，震源の深さなどの他に，当該地点の地盤の性質に左右される。ここでは特に地盤の固有周期と地盤ひずみ，さらに液状化について説明する。

2.3.2 項の1自由度系で示したように，一般に振動する物体はそれ自体が振動しやすい固有な周期（または振動数）をもっており，これを固有周期（または固有振動数）という。振動する物体の一種である表層地盤もまた固有周期を有しており，これは表層地盤の各層のせん断剛性と地表面から基盤面までの深さとに関係する。この表層地盤の固有周期は，表層地盤による地震動の増幅度と密接な関係があり，地表面上の各種構造物の耐震設計における基本量として

重要なものである[9]。

地盤の固有周期の算定にはいくつか方法があるが，設計指針等では，次式のような簡易算定法が使われている[3]。

$$T_G = \sum_{i=1}^{n} \left(\frac{4H_i}{V_{si}} \right) \qquad (2.15)$$

ここに，T_G：表層地盤の平均固有周期，H_i，V_{si}：第i番目層の層厚とせん断波速度である。上式は，図2.8のような互層構造をなす表層地盤がせん断振動する場合に，地震のせん断波が各層を伝わるのに要する時間の合計を固有周期とみなすものである。

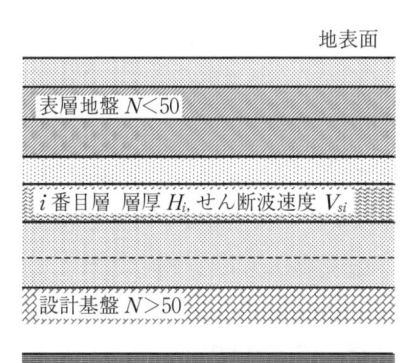

図2.8 表層地盤構造と固有周期

上記のような地盤に固有な振動特性は各種構造物の地震災害と密接な関係があり，各種の地盤について実際の地震時の挙動を把握することが重要といえるが，実地震による観測はきわめて稀である。そこで実地震観測の代わりに，常時微動による地盤震動の観測が実施される。

常時微動は，自然や人工の振動源による振動が遠方から伝わって，常時，微小な振動が生じているもので，これを観測することによって，地震動の伝播特性など地盤の震動特性を把握することができる。特に地盤の卓越振動数と増幅特性の推定に利用されている。地表面に近いところに波動インピーダンス（地盤の密度と波動の伝播速度との積で，波動エネルギーの伝播特性など地盤の震動特性を示す指標）の大きく異なる堅固な地盤が存在して（軟らかい表層地盤

の下に硬い基盤層がある場合など），固有周期による振動の卓越しやすいような地盤では，常時微動のスペクトル（波動に含まれる振動数成分を示したもの）と地震動のスペクトルは比較的よく対応するといわれている[9]。

　地震時の地盤に生じるひずみは構造物の挙動に直接関係するので，その大きさや性質を把握することも重要である。水平方向に伝わる波動に対して，地盤ひずみはその地点での地盤の応答速度に比例し，地盤の伝播速度に逆比例する関係がある。また表面波によるひずみ成分は実体波の水平せん断波による地中のひずみ成分と同程度の大きさで無視できないため，表面波により発生する地盤ひずみのレベルを知ることが耐震設計において重要となる。

　一般に地盤ひずみの大きさは上記のように地盤の応答速度と関係しており，表面波の伝播速度（位相速度という）がわかると地盤応答速度より地盤ひずみが算定される。

　ところで，地盤振動特性の一つとしてつぎのような液状化の問題がある。地震時の振動によって砂質土地盤が液体のような状態になる現象を液状化といい，液体状になった土の密度よりも重い構造物は沈下し，逆にこれよりも軽い地中構造物は浮力を受けて浮き上がるなど被害を生じることも多い。液状化発生のメカニズム，災害の状況および予測方法と対策については，5章「地盤災害」において説明する。

2.4　各種構造物の地震被害と対策[12]

2.4.1　橋　　　梁[12]

　地震による橋梁の被害で重要なものは，支承部と橋脚の被害といえる。上部構造と下部構造の接点に相当する支承部は上部構造の慣性力を直接受けてこれを下部構造に伝達する部分であり，支承のおもな被害は，支承本体の破損，ピンの破断，ローラー逸脱，アンカーボルトの破断，ストッパーや沓座の損傷などである。支承部の破損は，最も重大な場合，桁の落橋にもつながるため，支承部においては，落橋防止のための対策工法を講じることが重要である。

2.4 各種構造物の地震被害と対策

図 *2.9* は兵庫県南部地震時に六甲アイランド内の六甲ライナーの高架橋において，橋脚の水平移動等に伴い，桁が落下した例を示している。

一方，橋脚の被害として，鉄筋コンクリート製橋脚の軽微なひび割れ発生から圧壊などの重大なものまである。兵庫県南部地震以前では，橋脚そのものが崩壊するような事例は生じていなかったが，この地震では都市直下地震の強震動によってコンクリートが圧壊して橋脚全体が崩壊する事例が生じるなどもあり，構造的な対策が検討されている。図 *2.10* は RC ラーメン高架橋の橋脚が破壊した例である。

図 *2.9* 橋梁の被害事例（兵庫県南部地震：六甲ライナー高架橋の落下）[13]

図 *2.10* 橋梁の被害事例（兵庫県南部地震：RC ラーメン高架橋の被害）[13]

2.4.2 ライフライン（地下構造物）[12]

上下水道管，ガス管，通信管など地中に埋設される管状の施設はライフラインとよばれており，特に都市施設の中でも一般社会生活だけでなく都市内のさまざまな活動に重要な役割を担っている。このようなライフラインが，地震による被害を受けて水道やガスなどの供給が止まると社会全体で大きな損失をもたらすことになり，地震時の被害をできるだけ少なくするために，それらの構造的な対策だけでなく代替手段の確保など，機能面での対策も準備しておく必要がある。

埋設管路構造物の被害の要因は大きく二つに分けられる。一つは，地震波動の伝播によって生じる地盤ひずみの作用を受けて管路にひずみが発生したり，

管体に生じたすべりが継手に負担をかけて破損するなどの被害である。もう一つは，沿岸部などで地盤の液状化が生じて，地盤の水平方向への大きな流動変位や地盤沈下による作用，および液状化地盤の浮力の作用によって管路に大きな変形が生じることで破損する被害である。特に後者の被害は，都市部でのウォーターフロント開発に伴う埋立地盤において液状化の危険性が増していることから，被害事例が多くなってきている。

図2.11は1994年のノースリッジ地震（アメリカ）時のロサンゼルス市内におけるガス管および水道管の被害事例であり，図2.12は兵庫県南部地震時における水道管路の被害後の復旧状況を示している。

図2.11 埋設管路の被害事例（ノースリッジ地震：水道管の被害）[13]

図2.12 埋設管路の被害事例（被害を受けた水道管の復旧状況）[13]

一方，トンネルなどの地中構造物は一般に地震時の被害は少ない傾向にあるといわれており，兵庫県南部地震でのトンネル等の地中構造物の被害は軽微な場合が多かったが，比較的幅広断面で中間に支柱を有する構造において大きな被害が生じている。図2.13は，このような被害が特に大きかった神戸高速鉄道大開駅構内のRC造中柱が崩壊した状況を示している。このような地中構造物の被害原因の解明と耐震化については今後の課題といえる。

図2.13 地中構造物の被害事例
（地下鉄駅の被害）[13]

2.4.3 土 構 造 物[12]

道路や鉄道の盛土は，地震時に路面陥没，沈下，亀裂などの被害を生じることが多い。これらは，盛土構造物そのものの特性だけでなく，その基礎地盤の諸条件によって影響を受ける。**図2.14**は土構造物の一例として，鉄道の盛土構造の被害事例を示している。地震の対策としては，崩壊を防止するための補強工法や基礎地盤の地盤改良などがある。

また，地震時に斜面が崩壊することによって大きな被害が生じる場合が多い。地震が直接の原因となるのは，地震による慣性力の作用で，常時よりも斜面が不安定になって崩壊する例であるが，これに降雨の影響が加わり崩壊に至ることもある。兵庫県南部地震では，**図2.15**のように仁川百合野地区で斜面の大規模な崩壊が起り，多数の犠牲者が出た。

図2.14 盛土構造物の被害事例（兵庫県南部地震：鉄道盛土の崩壊）[13]

図2.15 地すべり被害例（兵庫県南部地震：仁川）[13]

2.4.4 河川関係施設[12]

河川構造物の主たるものは河川堤防であるが,その大半は前項と同じ土構造物であるため,被災内容も類似する。しかしながら,河川堤防の被害は,堤防の決壊により堤外地へ浸水する可能性もある。**図2.16**は兵庫県南部地震時に淀川西島地区の堤防に生じた被害の例であり,堤防下部の緩い砂質土の液状化による堤防崩壊を示している。

図2.16 河川堤防の被害事例（兵庫県南部地震：淀川西島地区）[13]

2.4.5 港湾・海岸構造物[12]

沿岸地域における港湾施設や,海岸施設の地震による被災事例は多く見られる。1995年の兵庫県南部地震時には,阪神・淡路の沿岸地域において,港湾施設,海岸保全施設,臨港交通施設,荷役施設,漁港施設などに著しい被害が発生した。特に神戸港では甚大な被害が発生し,国際コンテナ貨物の取扱いができなくなり,経済活動に深刻な影響を及ぼした。

図2.17は,重力式岸壁のケーソンの背後地盤が陥没した典型的な被災例であり,液状化とケーソンの海側への移動による影響と考えられる。**図2.18**は,フェリー埠頭の岸壁のエプロン部分の沈下の様子である。ケーソン式岸壁が地震動による慣性力と背後地盤の液状化により傾斜・移動したのに伴い,裏込め土砂が海に流出したと考えられる。

図2.17 岸壁の被害事例（兵庫県南部地震：重力式岸壁の破壊）[13]

図2.18 港湾施設の被害事例（エプロンの沈下・移動）[13]

2.5 耐震設計法・免震・制震

2.5.1 耐震設計の流れ

構造物の耐震設計の流れは，おおむね以下のような基本的項目で構成される[6]。

(1) 耐震設計で考慮すべき最大の地震動（設計地震動）を設定する。
(2) 対象とする構造物の地震時の挙動（最大応答・残留変位変形）を予測する。
(3) 最大応答・残留変位変形が許容値以下であることを確かめる。
(4) 経済性・利便性が妥当であることを確かめる。

このうち(1)の入力地震動の設定では，以下のような2種類の入力地震動に対して設計の検討が行われる。一つは構造物の供用期間内に1～2度発生する確率を有する地震動であり，もう一つは供用期間中に発生する確率は低いが，陸地近傍での大規模なプレート境界型地震や内陸部での直下型地震のように大きな強度をもつ地震動である。このように2種類の地震動を考えることは，地震動のレベルに応じて許容する残留変位変形量を変えて経済性の高い耐震設計を意図するもので，これらの地震動はそれぞれレベル1地震動，レベル2地震動として位置付けられており，その耐震設計における目的と性格は以下のようになる。

レベル1地震動は，原則としてそれが作用しても構造物が損傷しないことを要求する水準を示しており，静的荷重または弾性動的解析用の地震動として設定されている。多種多様な土木構造物では，構造物の種別ごとにその特性を反映した設計法の体系とノウハウが多くの経験の蓄積を通して発達してきており，レベル1地震動はこのような設計法への入力として位置付けられる。

つぎに，レベル2地震動は，きわめて稀であるが非常に強い地震動を想定したもので，構造物が損傷を受けることを考慮して，その損傷過程にまで立ち入って，構造物の耐震性能を照査する水準を示すものである。このレベル2地震動は，兵庫県南部地震での経験から，震源断層近傍域で発生する強震動を対象として設定されるようになってきたもので，上記のように内陸活断層による直下型地震動とプレート境界型の大規模な地震動の2種類が考えられるが，その具体的設定にはまだ困難な課題がある。

例えば，内陸活断層による直下型地震動は，活断層に関する地質学的情報，地殻変動に関する測地学的情報，地震活動に関する地震学的情報を総合的に考慮して，地域ごとに脅威となる活断層を同定するとともに，その震源メカニズムを想定することによって定めることが基本とされているものの，その工学的方法はまだ確立されていない。またプレート境界型地震による震源域での大規模な地震動に関しては，活断層による直下型地震動とは異なる特性をもつことが予想されるが，このタイプの地震動の強震記録は少なく不明な点も多い。

構造物の耐震設計では，以上のような地震動に対して上記（2）〜（4）の検討を行うことになるが，これらの地震動に対して構造物が保有すべき耐震性能が各種の基準に定められてきている。例として，以下の**表2.3**と**表2.4**は，道路橋示方書（文献3））に規定されている耐震性能および設計地震動と目標とする耐震性能を示したものである。

表2.3では橋の耐震性能を3段階に設定しており，それぞれの性能レベルに対して目標とする橋の安全性，供用性，修復性を定めて，より合理的な耐震設計を目指すものとなっている。それらの耐震性能と上記の設計地震動を**表2.4**のように対応させている。レベル1地震動に対しては橋の健全性が損われ

2.5 耐震設計法・免震・制震

表2.3 耐震性能の観点[3]

橋の耐震性能	耐震設計上の安全性	耐震設計上の供用性	耐震設計上の修復性	
			短期的修復性	長期的修復性
耐震性能1 地震によって橋としての健全性を損なわない性能	落橋に対する安全性を確保する	地震前と同じ橋としての機能を確保する	機能回復のための修復を必要としない	軽微な修復でよい
耐震性能2 地震による損傷が限定的なものにとどまり、橋としての機能の回復が速やかに行い得る性能	落橋に対する安全性を確保する	地震後橋としての機能を速やかに回復できる	機能回復のための修復が応急修復で対応できる	比較的容易に恒久復旧を行うことが可能である
耐震性能3 地震による損傷が橋として致命的とならない性能	落橋に対する安全性を確保する	—	—	

表2.4 設計地震動と目標とする橋の耐震性能[3]

設計地震動		A種の橋	B種の橋
レベル1地震動		地震によって橋としての健全性を損なわない性能 (耐震性能1)	
レベル2地震動	タイプⅠの地震動 (プレート境界型の大規模な地震動)	地震による損傷が橋として致命的とならない性能 (耐震性能3)	地震による損傷が限定的なものにとどまり、橋としての機能の回復が速やかに行い得る性能 (耐震性能2)
	タイプⅡの地震動 (活断層による内陸直下型地震動)		

ないことを目標とし，レベル2地震動に対してはある程度の損傷を許す性能規定となっている。

上記の耐震設計において構造物の応答を照査する計算法（耐震計算法）には，震度法，地震時保有水平耐力法，応答スペクトル法，応答変位法および時刻歴応答解析法などの方法がある。震度法は地動加速度による慣性力を静的に載荷する方法で，最も古くから用いられている耐震計算法である。地震時保有水平耐力法も基本的には震度法に基づいており，震度法は静的照査法として耐震設計に用いられている。応答スペクトル法，応答変位法および時刻歴応答解

析法は動的解析による計算法であり，静的解析よりも詳細に照査する計算法である．以下では，これらの計算法について説明する．

2.5.2 震　度　法[3]

震度法は，地震動を受ける構造物に生じる慣性力が構造物の質量に比例することを利用し，設定した水平加速度に構造物の質量を乗じて得られる力を，構造物に作用する力とみなして構造設計を行う方法である．この方法では，地震時の構造物の安定や部材の応力計算を常時の解析と同様に簡単に行うことができるため，多くの構造物の耐震設計に採用されている[3]．

地震時に構造物に作用する慣性力Fは，構造物の加速度aと質量mとの積で表されるが，震度法では，設計に用いるべき地震荷重は構造物の応答加速度に基づくとして，その応答加速度の重力加速度に対する比を設計震度と定義し，これを規定する．

$$F = am = \frac{aW}{g} = kW \tag{2.16}$$

ここに，W：構造物の重量，g：重力加速度，k：設計震度である．

設計震度は，対象とする地域の地震の頻度，構造物の建設される地点の地盤条件，構造物の重要度や構造物の振動特性を考慮して設定され，その設定は各種の耐震設計指針や基準によって多少異なるが，基本的には同じ形をとっており，道路橋示方書（文献3））の例を以下に示す．

$$k_h = c_z k_{h0} \tag{2.17}$$

ここに，k_h：レベル1地震動の設計水平震度，k_{h0}：レベル1地震動の設計水平震度の標準値，c_z：地域別補正係数．

設計水平震度の標準値については，**表2.5**のように，構造物の振動特性の一つである固有周期および当該地点の地盤種別に応じてその値が設定されている．これを固有周期に対して図示したものが**図2.19**である．地盤種別は，原則として式(2.18)により算出する地盤の特性値T_Gをもとに，**表2.6**により区別される．

2.5 耐震設計法・免震・制震

表2.5 レベル1地震動の設計水平震度の標準値 k_{h0}[3]

地盤種別	固有周期 T[s] に対する k_{h0} の値		
I 種	$T<0.1$ $k_{h0}=0.431\,T^{\frac{1}{3}}$ ただし，$k_{h0} \geq 0.16$	$0.1 \leq T \leq 1.1$ $k_{h0}=0.2$	$1.1<T$ $k_{h0}=0.217\,T^{-\frac{2}{3}}$
II 種	$T<0.2$ $k_{h0}=0.427\,T^{\frac{1}{3}}$ ただし，$k_{h0} \geq 0.20$	$0.2 \leq T \leq 1.3$ $k_{h0}=0.25$	$1.3<T$ $k_{h0}=0.298\,T^{-\frac{2}{3}}$
III 種	$T<0.34$ $k_{h0}=0.430\,T^{\frac{1}{3}}$ ただし，$k_{h0} \geq 0.24$	$0.34 \leq T \leq 1.5$ $k_{h0}=0.3$	$1.5<T$ $k_{h0}=0.393\,T^{-\frac{2}{3}}$

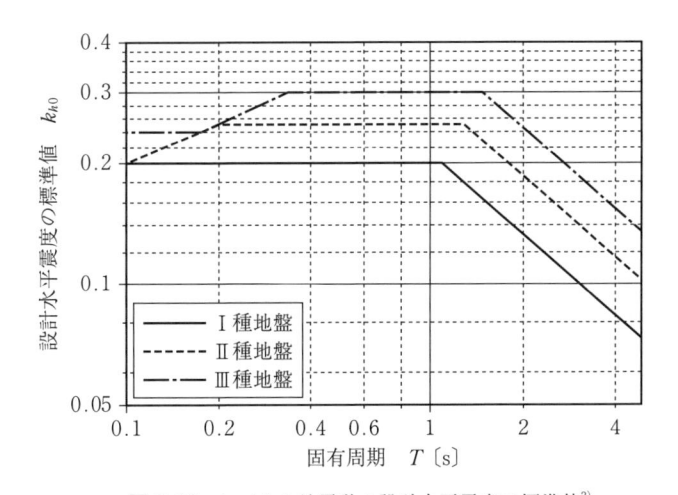

図2.19 レベル1地震動の設計水平震度の標準値[3]

表2.6 耐震設計上の地盤種別[3]

地盤種別	地盤の特性値 T_G[s]
I 種	$T_G<0.2$
II 種	$0.2 \leq T_G<0.6$
III 種	$0.6 \leq T_G$

$$T_G = 4\sum_{i=1}^{n} \frac{H_i}{V_{si}} \tag{2.18}$$

ここに，T_G：地盤の特性値（平均固有周期[s]），H_i：i 番目の地層の厚さ

[m], V_{si}：i 番目の地層の平均せん断弾性波速度 [m/s], i：当該地盤が地表面から耐震設計上の基盤面まで n 層に区分されるときの地表面から i 番目の地層の番号.

2.5.3 地震時保有水平耐力法[3]

地震時保有水平耐力法とは,構造物の非線形域の変形性能や動的耐力を考慮して地震による荷重を静的に作用させて設計する耐震設計法である.この設計法は,構造物の供用期間中に発生する確率は低いものの,大きな強度をもつ地震動(レベル2地震動)に対して,地震時保有水平耐力,許容塑性率,残留変位,またはこれらの組合せによって耐震設計を行うものであり,この方法と2.5.2項の震度法との二つの設計法を地震動強度のレベルに対応して使い分けることによって,合理的かつ経済的な設計を意図することとなる.

ここでは,まずこの方法の考え方の基本について説明する.**図2.20**は地震時における構造物に作用する水平力と水平変位の関係を,弾性応答と弾塑性応答について示したものである.図中 OCA で示される関係が弾性応答を,OCD で示される関係が弾塑性応答であり,地震時保有水平耐力による設計では,弾

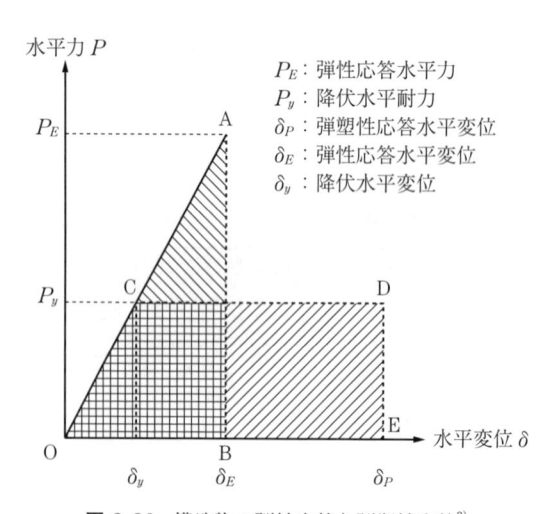

P_E：弾性応答水平力
P_y：降伏水平耐力
δ_P：弾塑性応答水平変位
δ_E：弾性応答水平変位
δ_y：降伏水平変位

図2.20 構造物の弾性応答と弾塑性応答[3]

性応答ではなく弾塑性応答で塑性域に入っても水平耐力を急激に減少させることなく，大きな変形量でねばり強く抵抗させようとするものである。

このとき，構造物への入力エネルギーが弾性応答と同じになるように，設計水平震度の補正係数を決めることとしている．具体的には，**図2.20**において，△OABと□OCDEの面積が等しくなるように弾塑性応答変位を生じさせるものである．このとき，図中の記号を用いて式 (2.19) の関係が成り立つ．

$$\delta_P = \frac{1}{2}\left\{\left(\frac{P_E}{P_y}\right)^2 + 1\right\}\delta_y \tag{2.19}$$

ねばりの指標として塑性率 $\mu = \delta_p/\delta_y$ を導入すると，次式のように表される．

$$P_y = P_E \frac{1}{\sqrt{2\mu - 1}} \tag{2.20}$$

実際の設計計算では，弾性応答水平力に相当する震度（地震力に相当）を求め，許容する塑性率によって式 (2.20) から降伏水平耐力に相当する震度を求めることとしている．以下に道路橋示方書（文献3)）に規定されている例を示す．

地震時保有水平耐力法による設計の場合は，レベル2地震動に対して，タイプIとタイプIIのそれぞれに**表2.7**と**表2.8**の設計水平震度の標準値 k_{hc0} を設定する．ここで

$$k_{hc} = c_S c_z k_{hc0} \tag{2.21}$$

ここに，k_{hc}：レベル2地震動の設計水平震度，c_z：地域別補正係数（$= c_{Iz}$（タイプI），c_{IIz}（タイプII）），c_S：構造物特性補正係数．c_S は式 (2.20) と意味を同じくするもので，許容塑性率 μ_a を用いて次式で表される．

$$c_S = \frac{1}{\sqrt{2\mu_a - 1}} \tag{2.22}$$

図2.21と**図2.22**はそれぞれ**表2.7**と**表2.8**をグラフに図示したものであるが，地震時保有水平耐力法では，前述2.5.2項の震度法に比べて設計水平震度の標準値を非常に大きい値に設定していることがわかる．この値を式 (2.22) により低減させて設計水平震度としている．

表2.7 レベル2地震動（タイプⅠ）の設計水平震度の標準値 k_{hc0} [3]

地盤種別	固有周期 T [s] に対する k_{hc0} の値		
Ⅰ種	$T<0.16$ $k_{hc0}=2.58T^{\frac{1}{3}}$	$0.16≦T≦0.6$ $k_{hc0}=1.40$	$0.6<T$ $k_{hc0}=0.996T^{-\frac{2}{3}}$
Ⅱ種	$T<0.22$ $k_{hc0}=2.15T^{\frac{1}{3}}$	$0.22≦T≦0.9$ $k_{hc0}=1.30$	$0.9<T$ $k_{hc0}=1.21T^{-\frac{2}{3}}$
Ⅲ種	$T<0.34$ $k_{hc0}=1.72T^{\frac{1}{3}}$	$0.34≦T≦1.4$ $k_{hc0}=1.20$	$1.4<T$ $k_{hc0}=1.50T^{-\frac{2}{3}}$

表2.8 レベル2地震動（タイプⅡ）の設計水平震度の標準値 k_{hc0} [3]

地盤種別	固有周期 T [s] に対する k_{hc0} の値		
Ⅰ種	$T<0.3$ $k_{hc0}=4.46T^{\frac{2}{3}}$	$0.3≦T≦0.7$ $k_{hc0}=2.0$	$0.7<T$ $k_{hc0}=1.24T^{-\frac{4}{3}}$
Ⅱ種	$T<0.4$ $k_{hc0}=3.22T^{\frac{2}{3}}$	$0.4≦T≦1.2$ $k_{hc0}=1.75$	$1.2<T$ $k_{hc0}=2.23T^{-\frac{4}{3}}$
Ⅲ種	$T<0.5$ $k_{hc0}=2.38T^{\frac{2}{3}}$	$0.5≦T≦1.5$ $k_{hc0}=1.50$	$1.5<T$ $k_{hc0}=2.57T^{-\frac{4}{3}}$

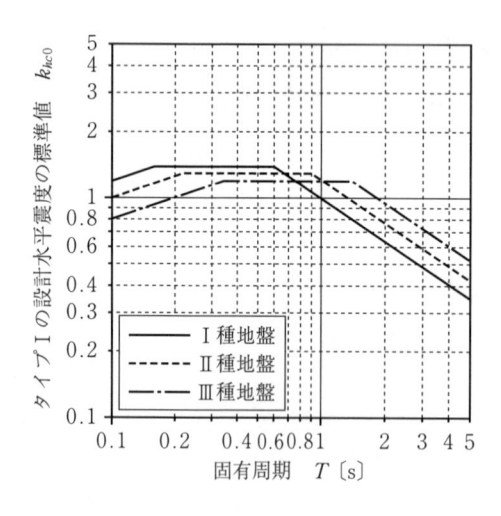

図2.21 レベル2地震動（タイプⅠ）の設計水平震度の標準値 k_{hc0} [3]

地震時保有水平耐力法による耐震設計は，特に強度の大きな地震動に対して，構造物全体で崩壊などの致命的な破壊に至らないように，地震時に保持すべき耐力を定めて対処しようとする考え方であるが，地震時の挙動が複雑でこ

2.5 耐震設計法・免震・制震   37

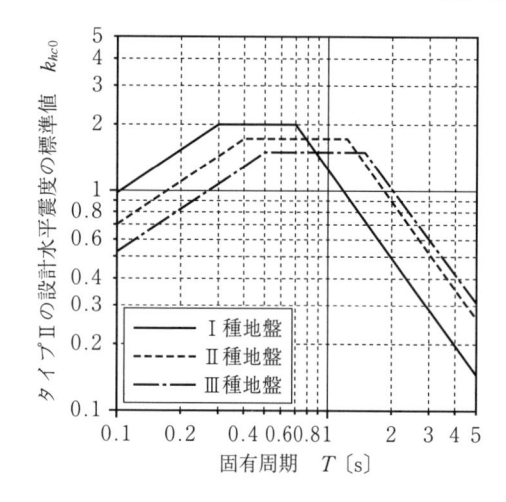

図2.22 レベル2地震動（タイプⅡ）の設計水平震度の標準値 k_{hc0} [3]

の方法の適用が困難な構造物の場合には，後述の動的解析結果に基づいて適切に耐震設計がなされねばならない。

2.5.4 応答変位法

地中に埋設される管路構造物のように水平方向の延長距離が長い構造物では，地震動の加速度の影響よりもその軸線上の異なる2地点での地盤の相対変位による力の作用の影響が大きいことから，耐震設計においては地表面や地盤内での変位振幅が重要となる。応答変位法は，基盤において一定の入力加速度を受ける表層地盤の応答量で地盤の変位振幅を評価する方法のことをいう。

この方法では，構造物周囲の地盤をばねに置き換えて，そのばねを介して地盤の応答変位振幅を構造物へ入力する解析に適用されるので，そのような解析まで含めて一般に応答変位法といわれている。多くの基準などでは応答変位の算定をおおむねつぎのように規定している[9]。

剛な基盤上にある厚さ H の表層地盤が基盤で設計水平震度 K_H の地震動を受けるとき，地表面からの深さ z における水平変位振幅 $U_H(z)$ は次式で算定される。

$$U_H(z) = \frac{4}{\pi^2} \bar{S}_V T K_H \cos\frac{\pi z}{2H} \qquad (2.23)$$

ここに，$\bar{S}_V$：基盤に入力する加速度波形の速度応答スペクトルを入力加速度で除して得られる単位震度当りの速度応答スペクトル，T：地盤の固有周期である．

上式は，表層地盤が水平せん断振動する場合に，深さ方向の変位振幅の分布形が正弦波の形状で近似できることに基づいている．

2.5.5 動的解析法

動的解析法には，大別して応答スペクトル法と時刻歴応答解析法とがある．

〔1〕 **応答スペクトル法**　応答スペクトル法は，線形構造物においては多自由度系でも本質的には1自由度系の振動系に帰着させられることを利用して，1自由度振動系の応答特性を強震記録の特性との関係で表現した応答スペクトルを用いて，時刻歴応答計算を行わずに多自由度系の最大応答を定めようとする方法である．**図2.23**は，兵庫県南部地震時のポートアイランドにおける，強震加速度記録を入力とする加速度応答スペクトルの一例を示している．

応答スペクトル法ではモード解析と組合せることによって，構造物の任意の

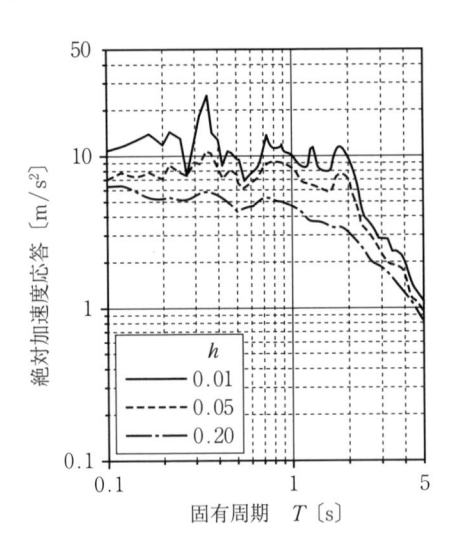

図2.23 応答スペクトルの例

要素での応答量や断面力の分布などを容易に算定できる利点がある。一般に構造が複雑な多自由度系では，一つの固有周期だけでなく複数の固有周期とそれに対応した振動モード（振動形）が存在する。モード解析法により多自由度系を1自由度系に帰着させることによって，構造物の加速度，速度および変位などの応答の最大値を応答スペクトルにより各モードごとに求め，それらを足し合せることによって多自由度系の最大値を計算する。

各モード応答の最大値は異なる時刻に発生すると考えられるので，多自由度系の最大応答値をモード応答最大値の単純和で求めたものは，これを過大に評価することになる。そこで耐震計算においては，次式のように，モード応答の最大値の2乗和の平方根でi番目の質点変位の全応答の最大値$|u_i|_{\max}$を推定する場合が多い[11]。

$$|u_i|_{\max} \approx \left[\sum_{n=1}^{N} \left(\phi_{in}\beta_n S_D(T_n, h_n)\right)^2\right]^{\frac{1}{2}} \qquad (2.24)$$

ここに，$\{\phi_{in}\}$：振動モード形，β_n：n次モードのモード寄与率，$S_D(T_n, h_n)$：応答スペクトルによるn次モードの最大応答値，T_n, h_n：n次モードの固有周期と減衰定数，N：自由度の数（全質点数）である。

〔2〕 **時刻歴応答解析法**　　以上のような応答スペクトルによる耐震計算法に対して，構造物の非線形応答まで考慮するような場合やその挙動特性が複雑な場合など，応答スペクトル法による計算では不十分な場合には，別途構造物モデルに対して時刻歴応答解析法を実施することになる。

時刻歴応答解析法は，構造物の力学モデルの支持点に地震動の記録波形を作用させて，モデルの各部分に生じる変位や断面力の時刻歴応答を数値積分によって評価する方法であり，特定の地震動に対して詳細に検討する方法である。

時刻歴応答解析には大別して，時間領域解析と周波数領域解析とがある。時間領域解析は，さらに直接数値積分法とモード解析とに分けられる。ここでは，直接数値積分法の代表例として，線形加速度法について簡単に記述する[11]。

a) **線形加速度法**　　次式のような1自由度系の運動方程式を考える。

$$mü + cu̇ + ku = P(t) \tag{2.25}$$

ここに，$ü$, $u̇$, u：1自由度系の加速度，速度および変位，m, c, k：1自由度系の質量，減衰係数およびばね定数，$P(t)$：1自由度系に作用する動的外力（時間関数）である。

ある時刻 t（$= ndt$：n 番目時刻）における変位，速度および加速度がわかっているものとし，短い時間間隔 dt で加速度の変化が直線的であると仮定すると，時刻 $t+dt$ における変位と速度は，時刻 t における変位 u_n，速度 $u̇_n$ および加速度 $ü_n$ と時刻 $t+dt$ における加速度 $ü_{n+1}$ により次式のように表される[9]。

$$u_{n+1} = u_n + \Delta t\, u̇_n + \frac{\Delta t^2}{6}(2ü_n + ü_{n+1})$$
$$u̇_{n+1} = u̇_n + \frac{\Delta t}{2}(ü_n + ü_{n+1}) \tag{2.26}$$

ただし，Δt：時間間隔である。

時刻 $t+dt$ における加速度は運動方程式 (2.20) より

$$ü_{n+1} = \frac{P_{n+1} - cu̇_{n+1} - ku_{n+1}}{m} \tag{2.27}$$

と表される。式 (2.26) と式 (2.27) を連立して $n+1$ 番目時間における変位，速度および加速度について解くと，1つ前の n 番目時間における変位，速度および加速度より，つぎの $n+1$ 番目時間における変位，速度および加速度を求めることができる。初期条件が与えられると，上記の計算を繰り返すことによって各時間ステップにおける応答が順次計算できる。

線形加速度法のより一般的な方法が Newmark の β 法とよばれる方法で，パラメータ β を導入して時間間隔での加速度変化を線形の場合以外にも適用できるように一般化した方法である。また直接積分法は時間ステップをある程度小さくしないと積分の誤差によって安定な解が得られない場合を生じるが，線形加速度法を修正して無条件に安定な解を得るようにした方法として Wilson の θ 法がある。ただし，ここではその内容は省略する。

一方，このような直接積分法に対して，より一般的な解析方法として前述の〔1〕応答スペクトル法に記したモード解析法がある。この方法は，基準振動

形の直交性を利用して，強制振動解を基準座標系に関する1自由度系の解に帰着させて求める方法であり，固有値解析とよばれる方法に基づいている。この方法の詳細については他書に譲る。

以上のような時間領域解析法に対して，さらに周波数領域解析法がある。

b) 周波数領域解析法　この方法は，時間の場で導かれる運動方程式をフーリエ変換などにより周波数の場に変換して応答を求め，逆変換によって時間の場の応答を得る方法である[14]。運動方程式の一般的な形が以下のように表されているとする。

$$[M]\{\ddot{u}\} + [C]\{\dot{u}\} + [K]\{u\} = -[M]\{1\}\ddot{u}_g(t) \tag{2.28}$$

ここに，$[M]$，$[C]$，$[K]$：多質点系の質量，減衰および剛性マトリックスである。上式の変位 u，速度 $\dot{u}$，加速度 $\ddot{u}$ 応答と入力加速度 $\ddot{u}_g$ の各時間関数をそれぞれ有限複素フーリエ級数に展開すると，一般形として次式のように表すことができる。

$$\begin{aligned}
\ddot{u}_g(t) &= \sum_{n=0}^{N/2} \ddot{U}_g e^{i\omega_n t} \\
u(t) &= \sum_{n=0}^{N/2} U_n e^{i\omega_n t} \\
\dot{u}(t) &= \sum_{n=0}^{N/2} \dot{U}_n e^{i\omega_n t} = \sum_{n=0}^{N/2} i\omega_n U_n e^{i\omega_n t} \\
\ddot{u}(t) &= \sum_{n=0}^{N/2} \ddot{U}_n e^{i\omega_n t} = \sum_{n=0}^{N/2} \left(-\omega_n^2\right) U_n e^{i\omega_n t}
\end{aligned} \tag{2.29}$$

ここで，ω_n：n 番目の円振動数，$\ddot{U}_g$ は入力加速度の複素振幅，U_n，$\dot{U}_n$，$\ddot{U}_n$ はそれぞれ系の変位，速度および加速度の複素振幅である。式 (2.29) を式 (2.28) に代入すると次式となる。

$$\{-\omega_n^2[M] + i\omega_n[C] + [K]\}U_n = -[M]\{1\}\ddot{U}_g \tag{2.30}$$

上式は U_n に関する連立方程式であり，系の複素変位振幅を容易に求めることができる。系が1自由度系の場合には，上式は以下のように表される。

$$U_n = \frac{-m}{k - m\omega_n^2 + i\omega_n c}\ddot{U}_g = \frac{1}{\omega_0^2 - \omega_n^2 + 2ih\omega_0\omega_n}\ddot{U}_g$$

$$= H(i\omega_n)\ddot{U}_g \qquad (2.31)$$

ここに，$H(i\omega_n)$：1自由度系の周波数応答関数，ω_0，h はそれぞれ系の固有円振動数，減衰定数であり，1自由度系においては，時間領域におけるような解析によらずに，入力加速度の振幅と系の周波数応答関数との積により系の応答振幅を算定できることがわかる。

変位振幅が求まると，速度および加速度振幅は振動数を1回および2回乗じることにより算定され，これらを解析対象範囲のすべての振動数成分に対して算定したものについて逆変換を施せば，時間領域の応答を算定できる。

2.5.6 不規則振動解析

2.5.5項に記述した時間領域および周波数領域の解析では，入力波形が不規則であっても短い時間間隔ごとの振幅が与えられ，構造物の振動特性がわかっていれば，モデル化された実構造物の時刻歴応答の確定した解としての評価が可能であり，確定的解析と位置付けられる。しかしながら，構造物特性のモデル化が適切に行われたとしても，将来作用するであろう地震動波形を特定することは不可能であり，確定的解析の結果は特定の入力波形に対する一つの解析例を与えるにすぎないといえる。

そこで，統計的に同じ特性を有すると思われる複数の入力に対する出力（応答）を確定的手法で計算し，複数の出力を相互に比較してその特性を評価することが行われる。このように，系の応答を不規則過程ととらえてその統計的な特性値を求めるような解析を確率的解析とよぶ。

確率的解析では，構造物に作用する可能性のある外力やそれによる振動応答の集まりを対象として，これらを確率論的に考えることが必要になる。この場合，ある集団から抽出された統計量を評価することが意味をもつことになる。

例えば，平均値，標準偏差であるとか，ある値を超える確率などによって議論することになる。不規則に変動する外力および応答の統計的な性質をとらえ

てその特性値について解析を行うものである。このような統計的な特性値としては図2.24に示すようなものが広く使われているが[11]，その詳細については他の専門書に譲りここでは省略する[15),16)]。

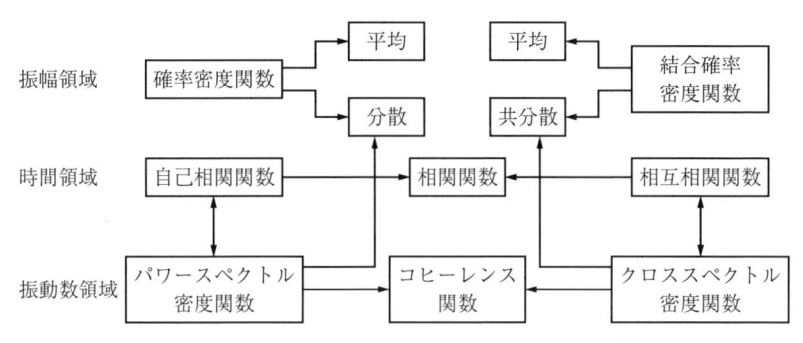

図2.24 時系列を記述する基本的な統計的特性値[11]

2.5.7 免 震・制 震

耐震設計の基本は仮定した外力（地震動）に対して安全な構造物を設計することにあるが，このような考えを進めて，地震動が構造物に伝達しないようにする免震や，構造物の揺れを制御して抑える制震という考え方が検討されている。このような考え方は特に建築の分野で進められてきたが，土木の分野でも橋梁などに免震構造を導入することが行われている。

橋梁の耐震設計の基準に，使用実績が増加している免震設計が規定されている[3)]。この免震設計は，ゴム支承を用いて上部構造を水平方向に柔かく支持して揺れの長周期化を図ると同時に，ダンパーなどのエネルギー吸収性能装置を併用することにより，桁の変位を低減する設計法である。

免震装置としては，アイソレーターとダンパーが用いられる。アイソレーターとは，上部構造の重量を支持するとともに横方向には上部構造を柔かく支持する装置で，主として積層ゴム支承が用いられる。一方，ダンパーとは履歴減衰や粘性減衰などの原理によりエネルギーを吸収し，橋の減衰性能を高める装置である。実際には，鉛プラグ入り積層ゴム支承や高減衰積層ゴム支承など

のように，アイソレーターとダンパーが一体となったゴム系の免震支承が用いられている。

以上のような免震設計以外に，各種の新しいエネルギー吸収装置や支承構造，アクティブ/セミアクティブ・コントロール（制震）などの振動制御技術の開発が進められている。「制震」とは，地震時に構造物の応答を観測しながら構造物に力を加えて，その応答低減を図る方法といえる。この方法は，航空機の飛行制御技術などの原理に基づいており，今後の技術開発が期待されている。

演 習 問 題

【1】 地震発生のメカニズムについてプレートテクトニクス理論とともに説明せよ。

【2】 ある地震で，震央距離 150 km の地点において観測された地動振幅が 0.2 mm であった。日本付近の浅い震源の場合として，この地震のマグニチュードを算定せよ。

【3】 連続な弾性体中を伝わる波動について，波の伝播方向を x 方向とし，x, y 方向の媒体（弾性体）の変位を u, v とすると，つぎのような波動方程式が導かれる。ここに，記号として密度 ρ，ヤング係数 E，Lame の定数 λ, μ が用いられている。二つの波動の名称および性質について説明せよ。

$$\rho\frac{\partial^2 u}{\partial t^2} = (\lambda + 2\mu)\frac{\partial^2 u}{\partial x^2}, \qquad \rho\frac{\partial^2 v}{\partial t^2} = \mu\frac{\partial^2 v}{\partial x^2}$$

【4】 地震動による地盤変位が正弦波 $u_g = U_g \cos\omega t$ であるとき，質量 m の 1 自由度系の相対変位 u が，運動方程式の解として $u = A\cos(\omega t - \alpha)$ で算定される。このとき振幅 A と位相差 α は次式で表される。

$$A = \frac{(\omega/\omega_0)^2}{\sqrt{\{1-(\omega/\omega_0)^2\}^2 + 4h^2(\omega/\omega_0)^2}}U_g, \qquad \alpha = \tan^{-1}\frac{2h(\omega/\omega_0)}{1-(\omega/\omega_0)^2}$$

ω_0：1 自由度系の固有円振動数，h：1 自由度系の減衰定数。

これらの式をもとに，加速度を計測できる地震計はどのように設計すればよいか，その考え方の基本を説明せよ。

【5】 時速 144 km で走行していた電車が 40 秒後に静止したとして，以下の問いに

答えよ。
- （1） 静止するまでの40秒間における電車の平均加速度〔m/s²〕を算定せよ。
- （2） このとき車内にいる体重60 kgfの人が受ける慣性力をkgfの単位で求めよ。

【6】 問図 2.1 の五つの平行層で構成される表層地盤の平均固有周期を算定せよ。

【7】 つぎの事項について説明せよ。
- （1） くい違い理論
- （2） 正断層と逆断層の違い

【8】 地震によって構造物が受ける被害の様子を構造物の種類ごとに詳しく説明せよ。

【9】 橋梁が保有すべき耐震性能と耐震設計との関係について説明せよ。

$H_1 = 2.5$ m,	$V_1 = 50$ m/s
$H_2 = 5$ m,	$V_2 = 100$ m/s
$H_3 = 5$ m,	$V_3 = 40$ m/s
$H_4 = 8$ m,	$V_4 = 80$ m/s
$H_5 = 6$ m,	$V_5 = 120$ m/s

問図 2.1

【10】 構造物の耐震計算法としての，震度法，地震時保有水平耐力法について，それぞれの内容および特徴について説明せよ。

【11】 地震応答解析手法は，時刻歴解析と応答スペクトル解析の二つに大別され，時刻歴解析は，時間領域での解析と周波数領域での解析とに分けられる。時刻歴解析の中で直接積分法について，運動方程式の解法の考え方について式を示して説明せよ。

3

河川・土石流災害

　大気圏の地表付近の薄い層の約 10 km は対流圏を形成している。この薄い大気の空間で，地球表面の温暖化のため大気の状況は以前に比べて不安定化し，気象の変動のばらつきが著しくなっている。これが，局地的豪雨，豪雨の頻発，干ばつの発生などに見られる異常気象である。行政機関による治水を重視した河川管理や，山地部の居住地域を襲う土石流や崖崩れ対策を必要とする災害は，総称して豪雨災害とよばれる。雨量を例にとると，多すぎれば豪雨や洪水，少なすぎると渇水となる。

　本章では，取り扱う豪雨災害の視点を記し，効率よく河川や土石流の被害軽減策を講じるために重要な水文学の超過確率の考え方を学ぶ。そして雨量や流量などの確率水文量の求め方を紹介する。近年，国土の都市化および異常気象に伴って都市水害問題がいっそう深刻になってきている。住民の対策方法，災害事例として鹿児島豪雨災害や川内川(せんだいがわ)の災害を取り上げる。土石流は流動性の高い土砂流と考えることもできる。この土石流発生の予知の原理を記した後，土石流災害の問題点とその対策を述べ，最後に災害事例を紹介する。

3.1　水文学の知識

3.1.1　豪雨災害

　人間が住まない地域に豪雨があっても，それは災害とはみなされない。地球上の大気の動きの変動が著しくなったとき，人間にとって不都合と思われる場合に限って自然災害とみなされる。わが国の豪雨による被害は，梅雨期（6～7月頃）の停滞前線によるものと，台風期（7～9月頃）の熱帯性低気圧によ

るものが甚大である。

　豪雨が社会に大きな影響を与える視点から，災害を人命に関わる場合と地域社会の経済的発展の阻害に関わる場合の二つに分けることができる。わが国は平地部の割合が比較的少ない島国である。前者は山間部地域における土砂災害として，後者は低平地の都市部地域における国土の資産の多くが集中する都市水害として，毎年のように大きな社会問題になっている。

3.1.2 超過確率

　ある地点の1年間の雨量を年雨量，毎日の雨量を日雨量とよんでいる。この日雨量のうち，1年間を通して最も大きな値をその年の最大日雨量という。気象観測を続けると，100年間に100個の最大日雨量が得られる。その年ごとの推移をみると，最近の10〜20年はしだいに大きくなる傾向があるとの指摘もあり，これを長期変動とよぶ。長期変動を取り除けば，この時系列データは定常状態とみなすことができる。マクロ的に考えると，定常時系列とみなせる降雨量は対数変換すると正規分布に従うことが知られている。

　いま，絶えず変動する雨量の発生頻度の分布に着目し，人間の作為を少なくするために統計処理し，出現する確率の計算を行うことにする。数十年にわたって毎年の最大日雨量を集積し，T年に1回起るような出現頻度であった場合，超過確率は$1/T$，再現期間はT年とよんでいる。国の管理する河川（一級河川水系）の超過確率は，$1/100$以上，都道府県の管轄する河川（二級河川水系）では，$1/100$以下であることが多い。その超過確率の求め方を以下に説明する。

3.2 水文統計

3.2.1 確率密度関数

　地球上の水循環の分野の学問体系が水文学(すいもん)（hydrology）である。取り扱われる年雨量や日最大雨量のようなデータを水文量と称する。水文量の超過確率

を求めるには，統計数学的手法が必要になる。

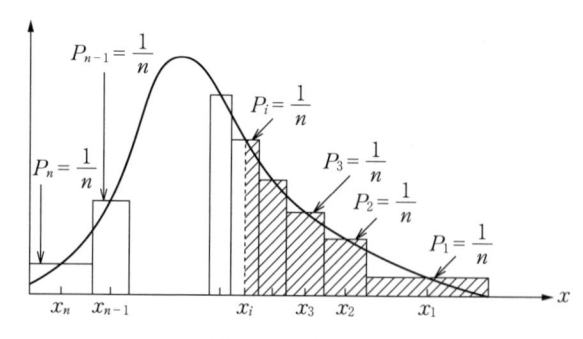

年最大日雨量や年最大流量などの水文量（母集団）X が n 年間にわたって記録されており，大きな値から小さな値に並べ替えられているものとする。これらの値を $x_1, x_2, \cdots, x_i, \cdots, x_n$ としよう。いま，横軸に x 軸をとり，各標本値 x_i $(i=1, 2, \cdots, n)$ を中心として，おのおのの面積が $1/n$ であるような柱状図を立てると，**図 3.1** のような頻度分布図をつくることができる。さらにこれを滑らかな曲線にすると，全体の面積が 1 となる標本上の確率密度曲線（度数分布曲線）が得られる[1]。

図 3.1 頻度分布図

この図で，$x_1, x_2, \cdots$ を超える確率は超過確率とよばれる。それぞれ $x_1, x_2, \cdots$ の値より右側の面積は，$W(x_1)=1/2n, W(x_2)=3/2n, \cdots$ で与えられるので，任意の値 x_i を超える超過確率は次式となる。

$$W(x_i) = \frac{2i-1}{2n} \qquad (3.1)$$

この確率はあくまで標本上のものであり，無数の集団（母集団）の中から無作為に実現された n 個の標本に対するものである。例えば，標本の境界値の取り方により，頻度分布は異なってくる。水文量の例として雨量を取り上げると，**図 3.2** のように，日雨量（0 時～24 時），旬雨量（1～10 日，11～20 日，21～31 日で区分した日雨量の総和），年雨量（日雨量の総和）となる。

データは大小の順に並べ替え作業を行い，順序統計量として扱うことにす

3.2 水文統計

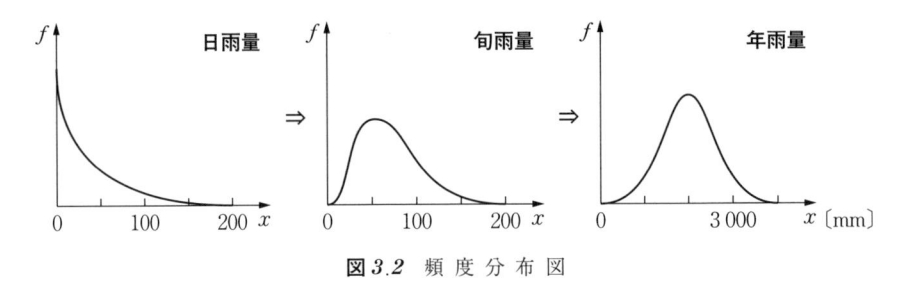

図3.2 頻度分布図

る。スレードは水文量を対数変換すると正規分布になることが多いことを発見し、利用し、確率水文量 x の推定を行うことを考えた。母集団 X の x と $x+dx$ との間にある確率は

$$f(x) = \frac{1}{\sqrt{2\pi} \cdot \sigma} \exp\left\{-\frac{(x-\mu)^2}{2\sigma^2}\right\} \quad \text{ここに} \quad \int_{-\infty}^{+\infty} f(x)dx = 1 \quad (3.2)$$

で表される。このとき、X は正規分布（normal distribution）に従う。ここに $f(x)$ は確率密度関数となる。この関数は、平均 μ、分散 σ^2（標準偏差 σ）を特性値とするため、N(平均, 分散) $= N(\mu, \sigma^2)$ と表記することが多い。いま x を無次元化するために、$(x-\mu)/\sigma = t$ とおくと

$$p(t) = \frac{1}{\sqrt{2\pi}} \exp\left\{-\frac{t^2}{2}\right\} \quad \text{ここに} \quad \int_{-\infty}^{+\infty} p(t)dt = 1 \quad (3.3)$$

となる。この場合、標準正規分布 N(平均, 分散) $= N(0, 1)$ となる。**図3.3** に示すように、縦軸に対して左右対称の釣り鐘状の分布となる。

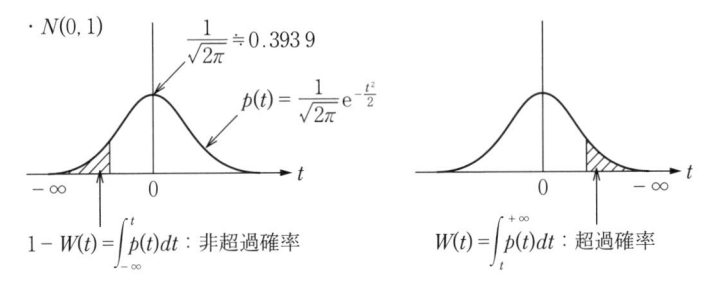

図3.3 標準正規分布

3.2.2　確率水文量の推定

水文量が正規分布に従っているとみなせば，確率密度関数 $p(t)$ を用いることにより，数10年に1回起るような豪雨の発生確率を推定することが可能である。すなわち，ある値 t_0（しきい値）を超える超過確率 $W(t_0<t)$ は，次式で示すことができる。

$$W(t_0<t) = \int_{t_0}^{+\infty} p(t)\,dt \tag{3.4}$$

式中のパラメータ t_0 は，最良近似法により計算できる[2]。例えば，再現期間 $T=100$ 年の $W(t_0<t)=1/100=0.01$ に対する t_0 は，次式で，$t_0=2.3263$ が得られる。

$$\eta = \sqrt{\log_e\left(\frac{1}{W^2}\right)}, \qquad t_0 = \eta - \frac{a_0 + a_1\eta + a_2\eta^2}{1 + b_1\eta + b_2\eta^2 + b_3\eta^3} \tag{3.5}$$

ここに

$a_0=2.515\,517$, $a_1=0.802\,853$, $a_2=0.010\,328$, $b_1=1.432\,788$, $b_2=0.189\,269$, $b_3=0.001\,308$ である。計算したおもな値 t_0 は，**表3.1**のようになる。

表3.1　超過確率計算のためのパラメータ

再現期間 T〔年〕	2	5	10	20	30	50	100	200	500
超過確率 W	0.5	0.2	0.1	0.05	0.0333	0.02	0.01	0.005	0.002
t_0	0	0.8416	1.2816	1.6449	1.8339	2.0537	2.3263	2.5758	2.8782

いま，統計データとして，過去 n 年間に観測された気象庁の毎年の年間最大値を例にとる。まず，n 個の標本値 x_i ($i=1,2,\cdots,n$) を個々に対数変換する。つぎに，対数変換した値，$\log_e(x_i)$, ($i=1,2,\cdots n$) の平均 μ_N と標準偏差 σ_N を計算する。一方，無次元量 t_0 は，$t_0=(x_0-\mu_N)/\sigma_N$ で定義されるから，再現期間 T 年に対応する t_0 の値は**表3.1**で与えることができる。以上から，T 年に1回起るような異常に大きな豪雨の値 $x_0=\mu_N+\sigma_N \cdot t_0$ の推定が可能になる。これは，水文統計学における確率水文量を求めるスレードの方法として，広く知られている。

一方，対数確率紙（別名：ヘーゼン紙，縦軸に超過確率，横軸に対数目盛）

を使用する方法もある。これは，式 (3.1) で，$(2i-1)/2n$ を計算後，超過確率 $W(x_i)$ を推定する方法である。水文データの対数変換値がグラフ用紙上で一直線上にプロットされるか否かよって，水文データのばらつきを調べ，推定値の信頼性が直感的に確認できる。

スレードの方法において，出現頻度の小さい値の誤差を少なくする工夫を加えた，より精度の高い岩井の方法もある。他に，ガンベル・チョーの方法などもある。

3.3 河川災害

3.3.1 治水の歴史と河川法の改正

文明は河川の氾濫を防ぐ技術の進歩とともに発達してきた。中国では黄河や揚子江のような大河が有史以来たびたび氾濫を繰り返してきた。「河を治めるものは国を治める」という言葉がよく知られている[3]。

わが国でも同様で，江戸の水害をなくすための利根川の東遷，薩摩藩による木曽三川の宝暦治水などもよく知られている。明治時代の近代技術の導入により，不連続堤から連続堤方式への転換が図られ，1876（明治29）年，治水を中心にした河川法が成立，森林法，砂防法と併せて，治水三法ともよばれた。電気事業の推進の要請を受け，水力発電のためのダム建設など河水統制事業の推進が行われた。

第二次世界大戦後は，多くの森林の伐採が続き，1947（昭和22）年9月のキャサリン台風では多くの被害がみられた。1959（昭和34）年9月の伊勢湾台風では死者行方不明者が約5000名に達し戦後最大の水害となったため，1961（昭和36）年に災害対策基本法が制定され，1964（昭和39）年に新たな水需要を含めた水系一貫の思想を取り入れた河川法の改正がなされた。

1982（昭和57）年7月の長崎豪雨では，地盤災害や都市河川の氾濫が続出した。1993（平成5）年8月の鹿児島豪雨では道路・鉄道網が寸断され，都市水害対策のために石橋の移設がなされた。

その後，1996（平成8）年，土地利用の高度化のために河川の水辺環境の保全を重視する河川法の改正がなされた。2000（平成12）年9月の東海豪雨では，名古屋市を中心に都市機能が麻痺した。2003（平成15）年7月九州豪雨では，博多駅周辺の水害が問題になった。2005（平成17）年9月の宮崎豪雨では，豪雨のために宮崎市の浄水場が機能不全に陥り，西郷村の耳川では側岸の山腹大崩壊による河道閉塞，流れの遮断が生じている。2006（平成18）年7月の鹿児島県北部豪雨では，豪雨のために川内川水位が既往水位を超える箇所が続出し，鶴田ダムの洪水調節能力の限界も指摘され，今日に至っている。河川災害の多くの事例については，文献4）等を参照されたい。

3.3.2 都市水害のメカニズム，問題点とその対策

川に流れている水は，もとをたどるとすべて大気中の水蒸気が地上に降った雨に起因する。やっかいな点は，川岸から見て眼前に流れている水は，さっき降った夕立によるものか，数カ月前に降った雨か区別がつかない。前者を短期流出，後者を長期流出という。

水害では，数時間から数週間の雨による短期流出が問題を発生させる。最近，都市部の地表面の道路や宅地の舗装が著しく進行し，都市河川で許容流量を超えるようになっており，都市水害が多発するようになったと考えられる。

例えば，1982（昭和57）年の長崎水害では集中豪雨のため河川があふれ，道路が河川になった。1993（平成5）年8月の鹿児島市を貫流する甲突川（こうつきがわ）が氾濫し，江戸時代後期につくられたわが国最長の5径間の武之橋が崩壊し，市街部の水深は2mを超え，国道3号は川になった。技術者として，このような惨事に対してどのような対策を行えばよいのであろうか。

河川の流れの阻害要因としては，つぎのような点が考えられる。

1) 市街部の道路・宅地区域の舗装率の上昇，それに伴うピーク流量の増大
2) 市街部の河川周辺地域の有効利用に伴う遊水池の減少
3) 市街部の掘込み河道の暗渠化（あんきょ）および水路幅の固定

これらの結果，都市河川に許容流量を超える雨水が短時間に流入し，低平地の

市街部の水は容易に海域に到達しなくなってきた。その対策としては，この逆のことをすればよいのであろう。通常の河川では，洪水流を氾濫させずに海域まで一気に到達させるために，築堤，河床掘削，河道の拡幅，治水ダムの建設による洪水制御などを考える。しかし，都市部は家屋が密集しており，おのずと制約がある。このため，つぎのような対策が考えられる。

1) 河道掘削により流水断面積を増大させる
2) 急傾斜地，家屋において貯留施設を建設する
3) 地面の舗装を透水性のものに切り替える

これらは，都市河川における総合治水対策とよばれ，実施されてきた。

3.3.3 都市化と水害に対する住民の対応

河川災害に必要な情報は，一級河川は国土交通省の各河川事務所，二級河川は都道府県の土木事務所，市役所・町村役場の土木課あたりで用意されている。最近，河川情報センターの端末が土木関係事務所に数多く設置されるようになり，時々刻々変化する河川災害に必要な情報として，レーダー雨量計やアメダスによる雨域の分布や時間雨量，テレメーターの水位，さらに，台風情報などを含めて提供されるようになってきた。テレビやラジオによる災害情報もマスコミで随時取り上げられ，報道されるようになってきた。

総合的なアプローチを行うには，各地域の河川を統括する行政官庁の災害への情報の提供，地域住民の地域を愛する心，災害対策をつねに考える普段からの姿勢が大切である。住民と地域団体と自治体がたがいに協力することが肝要である[5]。すなわち

1) 自助：自分の家は自分で守ること
2) 共助：地区に住む隣近所の人々，NPO団体等が，たがいに協力すること
3) 公助：自治体・消防関係者は地区に援助の手を差し伸べること

これらのことは公共事業の原点であり，技術者の責務として十分理解し，実践することが大切である。

54   3. 河川・土石流災害

〔**1**〕 **災害前の対策** 洪水ハザードマップの作成と災害に対して備える．
1) 豪雨災害にみまわれるような場所には住居を構えない
2) 災害に遭いそうになったら，警戒し，避難する
3) 都市部だけでなく，限界集落のような過疎地に対しても備える
4) 災害に備えて風水害保険に加入しておく
5) 洪水ハザードマップ（洪水危険度マップ）を作成しておく
6) 防災教育を行い，水害に対して備える

〔**2**〕 **災害時の対策** 洪水発生時の警戒避難情報の提供・収集および伝達を行い，ライフライン機能を守ることが重要である．
1) 事前に住民に地域の災害の実態を十分認識させる
2) 住民に災害情報をより迅速に正しく伝える
3) 危険度が増した場合は，適切な避難誘導を行う

3.3.4 事例：鹿児島豪雨災害[6]

1993（平成5）年の夏，鹿児島県下は豪雨・台風の来襲が相次ぎ，冷夏となった．鹿児島地方気象台の年雨量4 022 mm，7月の月雨量1 054.5 mmはいずれも史上最大を記録した．地球規模での異常気象が原因のようである．鹿児島県中央部の鹿児島市および郡山町に降った雨量は県庁所在地の中心部を直撃，甲突川は8月6日と9月3日氾濫，約13 000棟が浸水する大惨事となった．150年間健在で歴史的土木構造物であった市街部の五つの石橋のうち，二つの石橋の流失は未曾有の雨量を象徴している．鹿児島県消防防災課の調べで，豪雨による死者・行方不明者121名，被害額約3 002億円に達している．

1993年夏の鹿児島県下の河川災害の特徴と問題点を，鹿児島市街部を流れる甲突川を中心に述べるとつぎのようである．

① 鹿児島市は県人口の約1/3（約54万人）を占める一極集中の過密都市である．人口の密集した県庁所在地を直撃した家屋の浸水は，市民にとって経験のない氾濫であった．二級河川における豪雨災害時の情報伝達や避難誘導の方法が問題になった．

② 1993年の鹿児島市の雨量は史上最高である。鹿児島地方気象台のアメダス雨量観測網にない甲突川中流の郡山町役場で時間雨量 99.5 mm を記録し，下流の鹿児島地方気象台の 63.5 mm よりかなり大きい。局地的な雨量情報の活用が問題となった。

③ 鹿児島市周辺は大部分火山灰土壌のシラス台地で，中小河川のピーク流量を求める合理式の流出係数は他地域に較べてかなり小さい。計画流量の算定根拠が問題視された。

④ 150年間健在の歴史的土木構造物であり，岩永三五郎が甲突川に架けた現存する六つの石橋（上流から河頭太鼓橋，玉江橋，新上橋，西田橋，高麗橋，武之橋）のうち，新上橋と国内最長五径間の武之橋が流失した（**図 3.4**）。市民運動の形で，玉江橋より下流の五石橋の文化財としての現地保存と，治水のための石橋撤去の意見が対立した。

図 3.4 甲突川の新上橋，被災後（左）と被災前（1993年8月6日の水害）

⑤ 甲突川改修の年間予算は2億円程度である。現況の流下可能流量約 300 m³/s の約2倍の流量がピーク時に出水，氾濫した。鹿児島県の独自予算では，県内の川内川下流の市街化区域の拡幅，肝属川のシラス台地をくり抜く分水路のような抜本的な計画は困難である。県都の河川改修事業費の念出が大きな問題となり，5年間の河川激甚災害対策特別緊急事業（通称，激特事業）を受け，抜本的な河川改修が行われた。

〔1〕 **異常気象** 鹿児島地方気象台の1993年の月雨量を平年と比較すると，**図 3.5** のようである。6～9月が平年の2～3倍の雨量となっている。

3. 河川・土石流災害

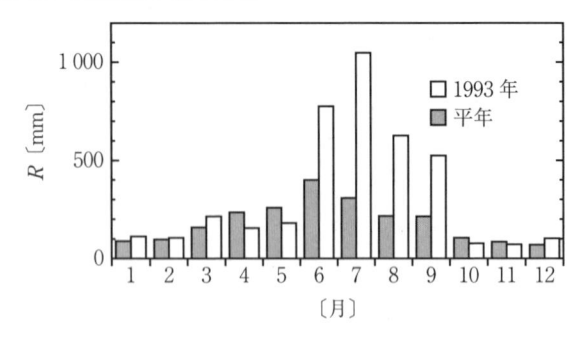

図 3.5 月雨量の推移（1993 年 vs 平年）
（資料：鹿児島地方気象台）

図 3.6 は，平年（過去 10 年，1979 ～ 1988 年）に対する 1993 年の毎日の最高気温と最低気温の増減傾向を示したものである．梅雨末期の 7 月上旬，8 月 1 日，8 月 6 日，9 月 3 日（台風 13 号）頃の最高気温は著しく低く，異常気象となっていたことがわかる．

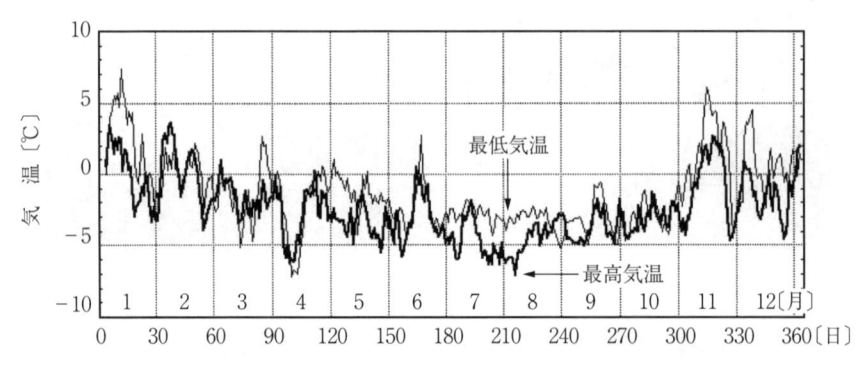

図 3.6 最高気温と最低気温の差の推移（1993 年 vs 平年）（資料：鹿児島地方気象台）

〔2〕 **豪雨の年超過確率と甲突川の氾濫の関係** 鹿児島地方気象台における過去 111 年間（資料：1883 年以降）の観測資料に基づき，岩井法による雨量の年超過確率を求めると**表 3.2** のようであった．

7 月と 9 月および年雨量は観測記録を更新している．1993 年の鹿児島県下の大きな水害は，8 月 1 日，8 月 6 日および 9 月 3 日に発生している．甲突川流域はシラスで覆われており，畑地の浸透能は 0.2 ～ 0.35 とかなり小さい．7

表3.2 鹿児島地方気象台の雨量の年超過確率（資料：鹿児島地方気象台）

	雨量記録〔mm〕	順位	再現期間〔年〕
年最大時間雨量	63.5	9	10
年最大日雨量	259.5	2	48
6月雨量	775.0	7	18
7月雨量	1 054.5	1	213
8月雨量	629.5	2	87
9月雨量	532.0	1	66
年雨量	4 022.0	1	828

～9月の月間雨量は未曾有の大きな値であったために，甲突川上中流域の浸透能が大幅に低下，先行降雨の影響を強く受け，8月上旬および9月上旬の甲突川下流域（鹿児島市街部）は氾濫しやすい状態にあったと推察される。

〔3〕 **鹿児島市の豪雨による浸水被害** 鹿児島市の中心部を流れる甲突川と稲荷川は鹿児島湾西部に注ぎ，鹿児島市街部を流れる都市河川である。甲突川は1993年8月6日に氾濫（以下8・6水害とよぶ），市内の死者・行方不明47名，床上浸水9 014棟，床下浸水1 926棟の被害を出した。9月3日には台風13号が来襲，床上浸水480棟，床下浸水914棟に達した。年に2回も氾濫した。甲突川の氾濫形式は，明治の頃は堤防決壊であったが，現在は堤防を横断する排水孔経由の逆流および堤防の越流による溢水である。

表3.3 1993年6～9月における鹿児島県下の災害の被害状況
（資料：鹿児島県消防防災課，1994.2.7確定）

		6/12～7/8	7/31～8/2	8/5～8/6	8/8～8/9	9月3日	合計
人的被害〔人〕	死亡	9	23	48	5	35	120
	行方不明	—	—	1	—	—	1
	重傷	4	9	12	4	18	47
	軽傷	10	69	52	10	160	301
	計	23	101	113	19	213	469
住宅被害〔棟〕	全壊	29	148	299	26	228	730
	半壊	33	108	193	47	706	1 087
	一部破損	153	222	588	988	31 879	33 830

鹿児島県下の災害の被害状況を**表3.3**に，鹿児島市街を流れる3河川の8・6水害の浸水状況を**表3.4**に示す。

表3.4 鹿児島市の8・6水害の浸水状況（資料：鹿児島県河川課）

	流域面積〔km^2〕		浸水面積〔km^2〕	浸水家屋〔戸〕
甲突川	106	鹿児島市	4.24	11 586
		郡山町	約1.2	約150
稲荷川	32	鹿児島市	0.24	793
新川	19	鹿児島市	0.53	1 379

〔4〕 **甲突川の氾濫の歴史と岩永三五郎の河川工法**　8・6水害の調査結果に基づき，県立図書館蔵の新聞のマイクロフィルムを調べると，**図3.7**を参考にしていくと興味ある事実が浮かぶ。1907（明治40）年7月6日の豪雨の最高水位は，下流に向かって，①**河頭太鼓橋**と**玉江橋**の中間の石井手堰付近で「伊敷村内にて浸水の最も甚だしかりしは上伊敷字飯山（石井手の下）ならんか，床上3〜4尺におよびしも人畜は勿論家屋等の損害なかりし」，②**玉江橋**左岸上流で「玉江橋の上流にて伊敷兵舎前の市街地の少し上手に当る堤防十数間破壊せるあり，此処より溢出せし急流は伊敷市街地に疾走し（中略）多くは床上2〜3尺の浸水の痕跡あり」，③**新上橋**以北では，「左岸上流の国道の河に面せし部分いずれも床上1〜2尺に及ぶ」とある。**玉江橋**下流の当時の写真

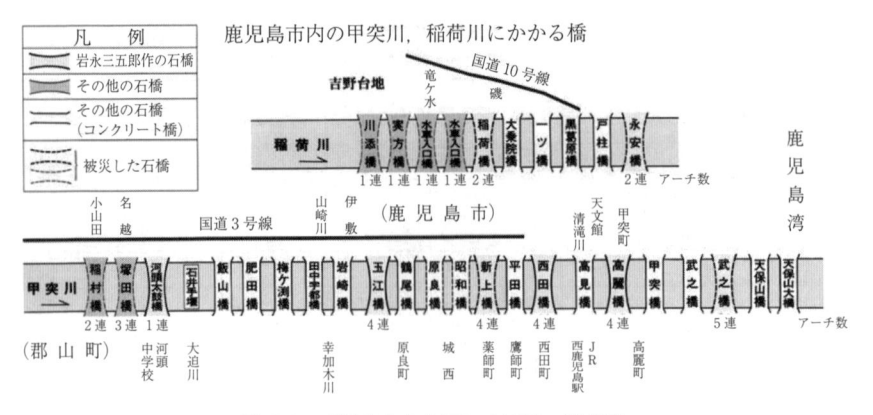

図3.7 鹿児島市内を流れる河川の模式図

を見ると一面海の惨状を呈する。

　明治の頃の家屋の床高を1～3尺＝0.3～0.9mとみなすと，おのおの地上から①1.2～2.1m，②0.9～1.8m，③0.6～1.5mとなる。8・6水害で実測した地上からの水深は，①2.35m程度，②玉江橋と③新上橋左岸上流で最大2.0m程度，1907（明治40）年の浸水深に酷似する。

　鹿児島市の世帯数（人口）は，1910年11 730世帯（68 374人），1992年10月205 634世帯（537 775人）である。水深が若干高くなったのは，雨量と測定精度の違いもあるが，非透過性家屋が密集するようになった影響も少なくない。

　1917（大正6）年6月16日の氾濫直後，**玉江橋**下流の鶴尾橋上流で「普通一日でひく水が，三日たっても護岸すれすれを流れる。おかしいと思って竹ザオを入れたら約20cmの深さしかない。鶴尾橋から**玉江橋**，梅ケ渕橋あたりまで土砂がたまっていた」。当時の古老（郷土歴史家）の話である。上流から大量に土砂が流下，甲突川の河床が大幅に上昇していた事実を知ることができる。

　1936（昭和11）年7月23日の氾濫では，市内の約1万戸が浸水，1993年夏と同じような浸水被害が発生している。大型団地のなかった時代に，甲突川に大規模な氾濫があった事実は熟知されていない。過去の甲突川の氾濫の歴史を学び，水害に対する社会的啓蒙が望まれる。

　江戸時代末期（1840～1849），肥後の岩永三五郎は薩摩藩の要請で来鹿し，甲突川や稲荷川に独自の河川工法を適用，新しい甲突川を掘削，多くの石橋を架けている。上述のように明治・大正・昭和初期には大規模な出水があり，甲突川下流左岸の市中心部の清滝川（旧甲突川）は氾濫している。

　岩永三五郎の多くの石橋が保存されたのは，石橋のすぐ上流で堤防の高さを両岸違え，狭作部などの地形特性を考慮して石橋を湾曲部のすぐ下流に設け，平面的に見た石橋の角度を流れに直角ではなく少し傾斜させ，甲突川では意識的に田圃に氾濫させるように架橋したためと考えられる。氾濫させることにより，肥沃な山地土壌を田圃に供給，高価な4～5連の大きな石橋が流失しない

ような河川工法を採用したと考えられる．中流では遊水池機能を取り入れた河頭太鼓橋を架け，8・6水害では河頭に最大水深3mを超える遊水池が出現，治水の役割を果した．

下流の**玉江橋**では左岸の国道3号側に，**新上橋**では右岸の原良町・鷹師町側へ，**西田橋**では図3.8のように右岸の西田町側へ，武之橋では右岸の高麗町側へ溢水させている．**新上橋**より左岸下流沿いの堤防には排水孔がなく，右岸の堤防高を一様に低くした．当時，主要交通路上にあった高麗橋では流れに直角に，橋桁を高く，六つの石橋の中で，流下可能流量を最大にとっている．薩摩藩の戦術的な意向を酌んだ江戸時代の甲突川改修工事，および岩永三五郎が石橋と治水に注いだ洞察力と知恵に魅了される．

〔5〕 **鹿児島市の家屋の浸水率**　大正・昭和・平成の各時代で，鹿児島

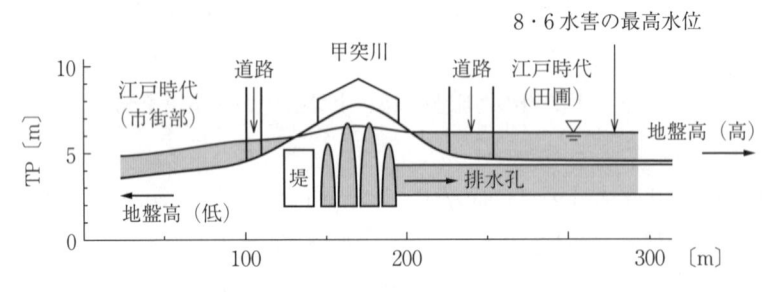

図3.8　西田橋上流側断面での洪水流の模式図（1993.8.6）

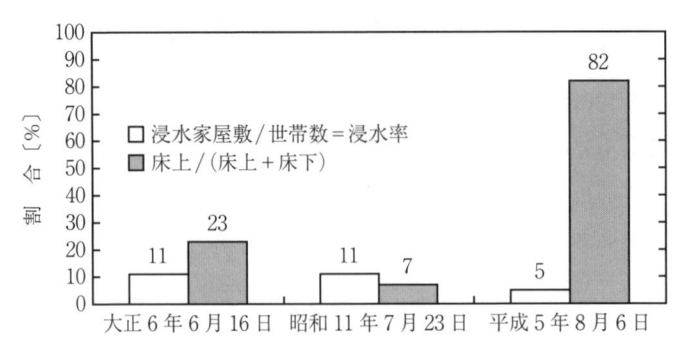

図3.9　鹿児島市の家屋の浸水率
（資料：鹿児島朝日新聞，鹿児島県消防防災課）

市は，人口の増加に伴い河川の氾濫による浸水家屋数が増大している。**図3.9**は浸水家屋数を世帯数で割った浸水率は5〜11％程度である。全浸水家屋の中で床上浸水の占める割合は，8・6水害では82％と大きな値を示し，浸水被害の深刻さを物語っている。

3.3.5　事例：川内川の洪水ハザードマップ[7]

　鹿児島県薩摩郡さつま町には，市街中心部を川内川が貫流している。日常的に川内川の恩恵を受けつつも雨季，台風時に，**表3.5**に示すとおり，1971〜1972（昭和46〜47）年頃は床上浸水・全壊被害が起っており，甚しい水害の歴史がある。

表3.5　川内川における近年のおもな洪水（床上・床下浸水被害順）

年月日	洪水原因	家屋被害〔戸〕	
		全半壊	床上・床下浸水
昭和47年6月18日	梅雨前線	357	5 202
昭和46年6月24日	梅雨前線	74	3 489
昭和46年8月6日	台風19号	35	3 232
平成18年7月22日	梅雨前線	32	2 347
昭和47年7月6日	梅雨前線	335	2 094

　鶴田ダムの操作規則の改正により，最近は水害がみられなくなったが，2006（平成18）年に湯田・柏原・川原・虎居・二渡・山崎地区等で再び悪夢の水害が発生した。異常気象が頻発する時代となり，洪水調節の見直し・抜本的な改善策の必要性が緊急の課題となった。

　被害がいちばん大きかったさつま町の虎居地区を対象に，1972（昭和47）年と2006（平成18）年の洪水に着目し，災害時の浸水区域と浸水深を調べた。さつま町で配布可能な実用的な洪水ハザードマップ（2008年12月版，以下マップ）が製作された。

　〔**1**〕　**洪水ハザードマップの実態**　**図3.10**は，現在さつま町で使われている洪水ハザードマップ（2006年4月版）の一部（川原・虎居地区）である。

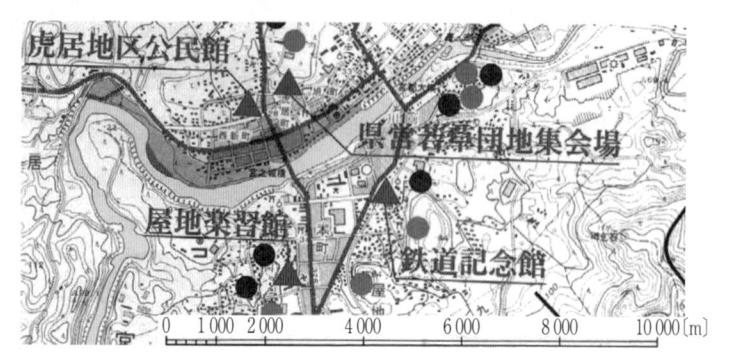

図 3.10 さつま町（虎居地区）のハザードマップ（2006 年 4 月製作）

さつま消防署，公民会長などの地元の方との意見交換で，改善すべき課題が指摘され，より充実したマップの完成が必要となった．その根拠は

① 従来のマップは縮尺が大きすぎる．地区ごとの詳細なマップが欲しい

② 災害情報の伝達手段の方法，病院や警察署などの避難場所が記入されていない

③ 土砂災害を中心としたマップになっており，洪水対策を喚起するものではない

④ 氾濫シミュレーションの結果を利用した氾濫想定区域が 0.5 m 間隔で表示されていた．しかし，過去に大きな被害を受けた地区の浸水実績が示されていない

などであったが，被災地区住民の意見を踏まえると，「現在のマップでは避難する際に利用し難い」と考えざるをえなかった．

〔2〕 **洪水ハザードマップの改善**　既往のマップに改良を加え，地域・洪水に特化したマップの製作をすすめた．鹿児島県では災害時要援護者避難支援制度を推進中であり，鹿児島県およびさつま町の要援護者対策の意向を取り入れ，3 段階の要援護者レベルによる区分を行った．避難時に一人で移動するか否かの難易度を 3 段階に分類することに着目し，消防署（団），公民会や民生委員の方々が，救出時に円滑に行動ができるようにすることが狙いである．

表 3.6 は，さつま町で使った高齢者実態調査表で，**図 3.11** に，実際の要援

表3.6　高齢者実態調査表の例とレベル分け

性	生年月日	年齢	住所	生活状態			健康状態						
				一人暮し	夫婦なし	家族同居	①大変健康	②普通	③病気外出可	④病気外出不可	⑤準ねたきり	⑥ねたきり	⑦入院入所
男	昭和■年●月▲日	100	さつま町宮之城■●番地	○								○	
								1		**2**		**3**	

【要援護者記載例】

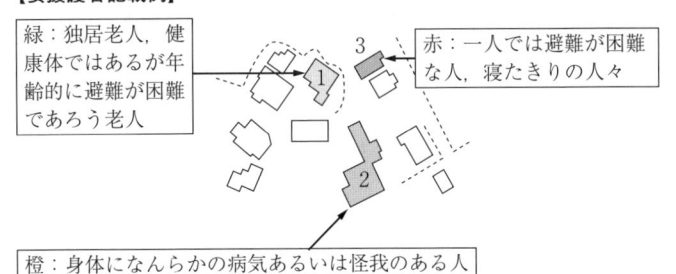

緑：独居老人，健康体ではあるが年齢的に避難が困難であろう老人

赤：一人では避難が困難な人，寝たきりの人々

橙：身体になんらかの病気あるいは怪我のある人

図3.11　要援護者支援制度によるレベル区分（記載例）

護レベルの分け方の例を示している。

この要援護者を住宅地図上で表記し公開すると，**マップ**の悪用や犯罪が発生する可能性がある。このため，つぎの2種類のマップを準備することにした。

マップ①：役場の要援護担当者，消防署，公民会長・民生委員など避難する際に，現場の指揮を行う者用の限定配布マップ（要援護者を記載）

マップ②：現地住民の公開用のマップ（要援護者は不記載）

図3.12は改良した**さつま町洪水避難地図**である。1972（昭和47）年と2006（平成18）年の実績浸水区域も記入している。過去の実績浸水区域は想定浸水区域と違い，自分の住んでいる場所の危険度を現実に認識でき，「自分の身は自分で守る」という意識を強くもつことができる。

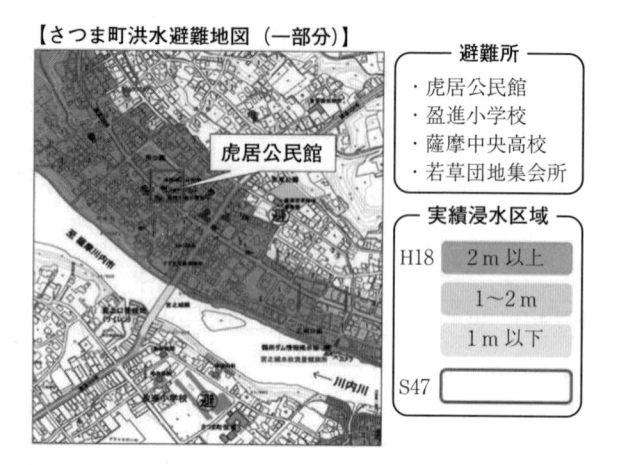

図3.12 さつま町洪水避難地図（虎居，宮之城屋地付近，2008年12月製作）

さらに，さつま町役場，病院，警察署，公民館，避難所だけでなく，新たに誘導看板・屋外スピーカー・鶴田ダム情報掲示板など，川内川に関する情報を可能な限り記載することにより，地区住民が豪雨状況を把握し，避難が円滑に行えるようになった。

3.4 土石流災害

3.4.1 土石流災害の特徴

豪雨による土石流災害は河川災害と斜面災害の中間的なものであり，つぎの四つに大別できる。

　1） **斜面崩壊・地すべり**：土砂の流動。動作が非常に緩慢な円弧すべりの場合が多く，避難は容易である。

　2） **崖 崩 れ**：土砂の流動。急斜面表層の突発的な崩壊，短時間で終わる。

　3） **土 石 流**：土砂と水の混合割合が同程度の流動。土砂生産の活発な活火山や山間部においてよく発生する。

4） 洪　水　流：土砂が非常に少ない水流。豪雨が多いときに発生する河川の氾濫をひき起す。

1）から 4）の順番に，後者ほど土砂濃度がしだいに低くなり流動性が高くなる。

　豪雨時には急斜面の地盤が不安定となる場合がある。地表面から地下への水の浸透の結果，地盤は緩み，地すべり・斜面崩壊などが発生する。急斜面から渓流に連続的に堆積した土砂は，大量になると渓流の流れを阻害し，流れをせき止め，水が溜められ，ダムのようになる。水と土砂が一体となった堆積土砂はその容積が大量になると，一気にダムは崩壊し，下流に向かう。桜島や雲仙普賢岳のような活火山の上流部では，新規火山灰の堆積のために裸地で覆われ，不安定層を形成するため，しばしば土石流が発生する。通常，土石流は山間部で多発し，鉄砲水，山津波，泥流ともよばれる。土石流災害にはつぎのような特徴がある。

1) 襲われると死者が出ることが多く，人命にかかわる被害が多い
2) 流動性の非常に高い土砂流である
3) 何時何処で発生するかわかりにくく，ゲリラ的に発生する

3.4.2　土石流発生の予知

　土石流の発生・不発生の限界は何によって規定されるのであろうか。図 3.13 のような厚さ一定の浸透層の斜面を考える[8]。

　ここで，r：雨量強度，T_c：到達時間，t：時刻，τ：任意時刻，D：浸透流の厚さ，k：透水係数，l：斜面長，θ：斜面の傾斜角とすると，特性曲線法に

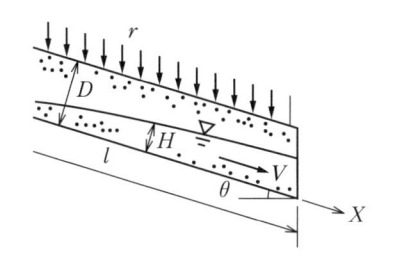

図 3.13　堆積層における浸透流の模式図

より，表面流の発生は次式により規定される．

$$\frac{1}{T_c}\int_0^{T_c} r(t-\tau)d\tau \geq \frac{Dk \cdot \tan\theta}{l} \tag{3.6}$$

右辺は斜面に関する項，左辺は到達時間内の平均雨量強度であり，ある斜面において到達時間内の平均雨量強度がある値を超えると表面流，つまり土石流が発生する．

図3.14は，桜島の長谷川の土石流観測資料から得られたものである．土石流発生の場合は発生時刻に至る時間 T，不発生の場合は雨量強度が最大となるような時間 T に対する累加雨量を縦軸に示している．図では40分間の雨量が，7 mm 未満では土石流は発生せず，7 mm に達すると発生の可能性が生じ，13 mm を超えると必ず発生していたため，長谷川では40分間雨量を監視すれば土石流発生の判断が可能となる．

土石流発生の場が定常であれば，土石流の発生と不発生は，図3.15に示される累加雨量曲線は，必ず，ある1点P（T_c, R_{T_c}）を通る．このような時間 T を監視すれば，流域ごとに土石流発生の予知対策を実施することが可能になると考えられる．

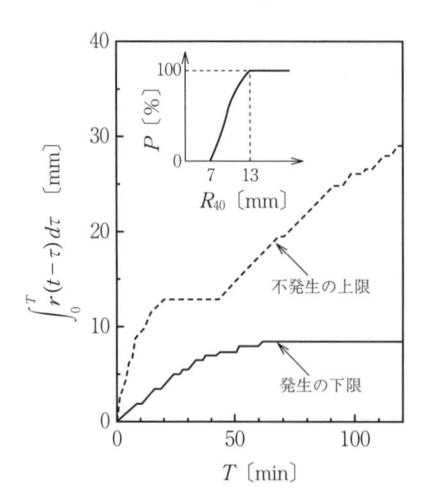

図3.14 土石流の不発生の上限と発生の下限（長谷川）

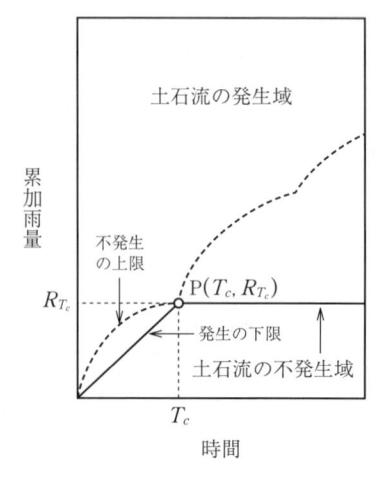

図3.15 土石流の不発生の上限と発生の下限の概念図

3.4.3 土石流災害の問題点とその対策

〔1〕 **土砂災害警戒区域**　土石流防止のために，最上流部では土砂生産を防ぐための治山ダム，中流部では下流域に土石流災害が発生しないための砂防ダムが建設されてきた。災害の事例として，1993（平成5）年の鹿児島豪雨災害では，図3.16のように急斜面からの土石流が国道10号の自動車や停車中の電車を襲い，大惨事になった。これらの災害を経て，土砂災害防止法が2000（平成12）年に制定され，2001年4月から施行された。鹿児島県では，砂防指定地，地すべり防止区域，急傾斜地崩壊危険区域，土砂災害警戒区域等を指定し，土砂災害を崖崩れ，土石流，地すべりに三つに区分し，対応を行っている。

図3.16　鹿児島市竜ヶ水・国道10号の土石流災害（写真提供：鹿児島県警察本部，1993年8月）

すなわち，土砂災害警戒区域に対する土砂災害ハザードマップを公表し，土砂災害の恐れがある区域をイエローゾーン，特に建物が破壊され，住民に大きな被害が生じる恐れのある区域をレッドゾーンと定め，対処することになった。

〔2〕 **土砂災害警戒情報**　鹿児島県では全国に先駆けて，2005（平成17）年8月より，大雨による土砂災害発生の危険度が高まったときに，県砂防課と鹿児島地方気象台が共同で，市町村単位の土砂災害警戒情報を発表するように

なった。この情報は，市町村の警戒避難体制（防災活動や避難勧告等の判断）や，市民の自主的早期避難に有用とされている。県では土砂災害発生予測情報システムを採択後，2013年までに土砂災害警戒情報が70回発表され，43回土砂災害が発生したと報告している。

土砂災害警戒情報の発表基準と発表までの流れを**図3.17**に示す。

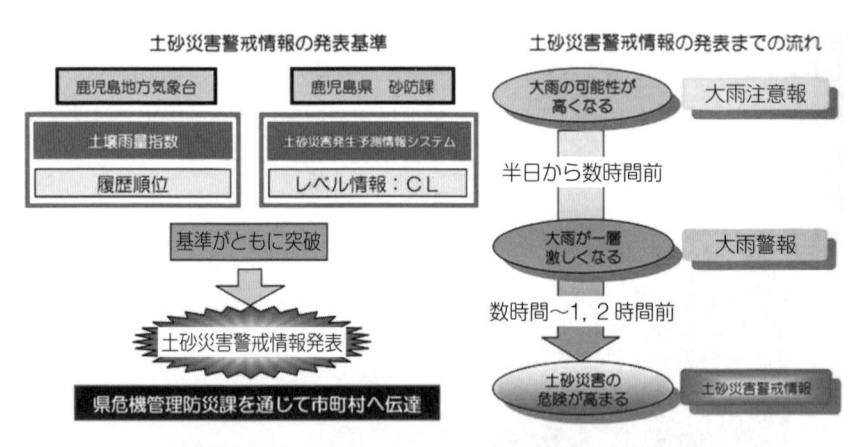

図3.17 土砂災害警戒情報の発表基準と発表までの流れ[9]

この手法には問題点も少なくない。例えば

① 各市町村単位で，自治体の責任で避難指示を発令するため，各自治体は非常に慎重になり，時機を逸するケースが少なくない

② 各地区の住民は住んでいる渓流を日常的に観察するため自主判断に基づいて行動し，自治体の指示を軽視する人が少なくない

③ 山地部の道路の寸断が頻発し，自動車を使った高齢者の避難は容易ではない

④ 土砂災害発生危険基準を決める際の実効雨量の定め方にあいまいな点がある

今後，このような問題を解決し，より適切な減災への手法に近付けることが課題と考えられる。

3.4.4 事例：土石流災害

　土石流災害の大規模な例としては，1997（平成9）年7月の出水市針原川の土石流，2003（平成15）年7月の水俣市集川の土石流，1991〜1993（平成3〜5）年雲仙普賢岳の水無川や中尾川の土石流，2005年9月の九州豪雨，台風14号の際，宮崎県の椎葉村などで起った大規模な斜面崩壊や土石流，2004（平成16）年10月新潟県中越地震に起った急斜面の不安定に伴う豪雨時の山古志村における河道閉塞，2011（平成23）年の台風12号による紀伊半島大災害などが挙げられる。土石流災害をさらに詳しく知るには，文献10）などを参照されたい。

演 習 問 題

【1】　災害対策では超過確率の概念がよく用いられる。利用上の注意点を述べよ。

【2】　自分の住んでいる気象台で，過去20年間の年最大日雨量を入手し，スレードの方法により再現期間100年の年最大日雨量を推定せよ。

【3】　戦後の河川改修の進展にもかかわらず，都市水害が頻発するようになっている。新聞記事を参考に事例を掲げ，その原因と対策について述べよ。

【4】　河川激甚災害対策特別緊急事業（激特事業）とはどのようなものか述べよ。

【5】　土砂災害は，砂防の分野では，土石流，崖崩れ，地すべりの三つに分類されている。その特徴を記し，その原因および対策について述べよ。

4

海 岸 災 害

本章では海岸防災面について，高波（波浪），高潮，津波，海岸侵食と堆積といった災害を中心に，過去の事例に学びつつ，災害予測をし，災害を最小限に食い止める方法について学習する。さらに将来の地球温暖化による海面上昇についても必要な対策などについて少しふれることにする。

4.1 おもな海岸災害と波の種類

2011年3月に発生した東北地方太平洋沖地震では，わが国の有史以来最大といわれる大津波が発生し，三陸海岸をはじめとする東北地方・関東地方・北海道の海岸を襲った。津波の遡上高さは数10メートルにも及び，それまでの防災設備や施設の常識をはるかに超えるものであり，甚大な被害をもたらした。この地域では過去（1611年，1896年，1933年など）にも地震に伴う津波被害が繰り返し発生している。

海外では，2004年12月のスマトラ沖地震により大津波が発生し，その後2005年3月にもスマトラ島沖で，2006年7月には隣のジャワ島沖でと連続して地震津波が発生して大きな被害を出している。

また，2005年8月に米国メキシコ湾を襲ったハリケーン・カトリーナによる高潮・高波による被害は，ハリケーン史上類をみない甚大なものとなった。日本の台風と同じように，ハリケーンやサイクロンによる災害も毎年のように発生し，人々を苦しめている。

このように津波・高潮災害を例に考えても，今後発生が予想される巨大津

波・高潮災害に対し，被害を最小限に食い止める対策（減災）を十分にしておく必要があることは当然である。

図4.1にわが国における海岸災害の常襲地の概略図を示す。この図を見れば冬季北からの強風，台風による高波や高潮と津波など，日本の海岸線がいたるところで災害に直面しているのがわかる。図の中には1949年から1999年までの間の大きな災害を伴った台風の進路を示している。一方で2004年には1年に10個の台風が日本に上陸するという年もあった。

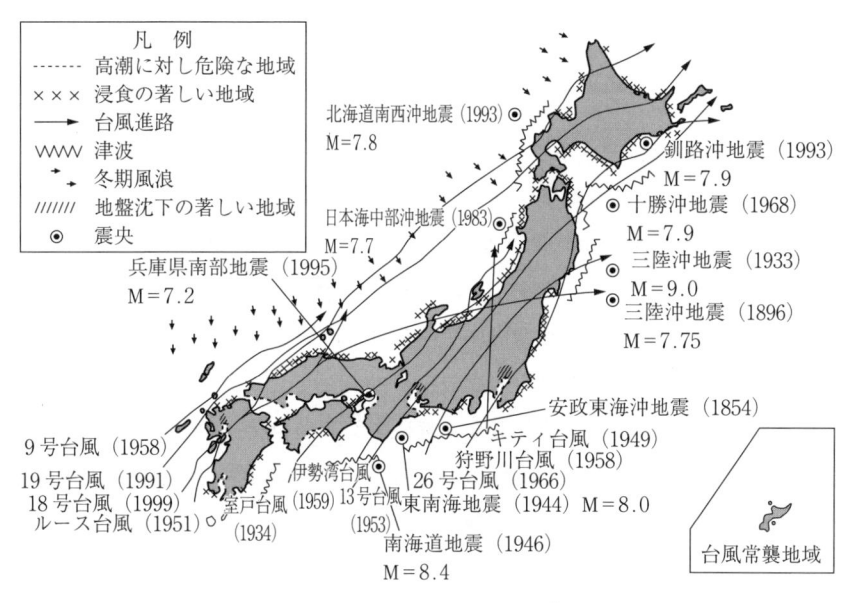

図4.1 わが国の災害常襲地[1]

図4.2は，海の波について相対的なエネルギー分布を周期別に分類した図である。海面波のエネルギーの多くは風波などの重力波，潮汐であることがわかる。風浪，高潮，津波といったさまざまな形での海岸線への波の影響が続く中，1940年代から50年代にかけて，以下のような津波や高潮がつぎつぎとわが国に来襲し，大きな被害を与えた。1946（昭和21）年の南海地震とその津波は，紀伊半島や四国の太平洋沿岸に，また1949（昭和24）年の東京湾に来襲したキティ台風，さらに1950（昭和25）年の大阪湾に来襲したジェーン台

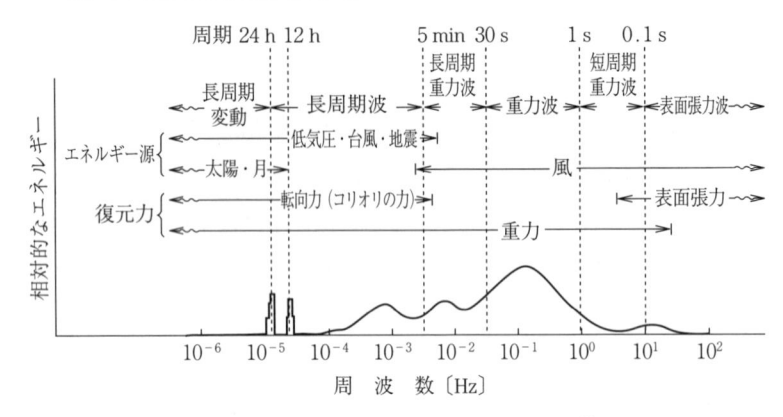

図 4.2 海洋表面波のエネルギーの模式図[2]

風と1959（昭和34）年の伊勢湾台風による高潮により，それぞれの地域は大災害を受けた。このような中で，台風に伴う高潮や地震による津波から海岸を防護するための，海岸施設整備を目的のひとつとして，1956（昭和31）年に「海岸法」が制定された。それ以後も海岸整備が続けられ，徐々に安全性が向上してきている。安全で快適な海岸空間を将来に残していくために，今後も防災面での整備を確実にせねばならない。

一方で，これらの海岸保全施設が，隣接する海岸の浸食，海岸景観，生態系などへ影響を及ぼしたりもしている。さらに，近年，自然共生型海岸の例のように，環境保全をしつつ，豊かで親しみのあるアメニティの高い海岸空間も施工されつつある。今後も十分な防災機能を備え，環境にも配慮された豊かで親しみのある海岸となるよう心がけなくてはならない。

4.2 高波災害

4.2.1 高波災害の実態

図4.3，図4.4に示すように，海の波は風によって発生するものが多い。風のエネルギーが海面に伝えられ，波のエネルギーに変換され，波となる。いったん発生した波が発達して，波高を大きくするかどうかは，風速の大きさと吹

4.2 高波災害

図4.3 越波時(左)と平穏時の焼津海岸(静岡県)[3]

図4.4 越波(南大東島,沖縄県)[3]

送距離(風が吹き続ける距離),吹送時間(風が吹き続ける時間)の大きさで決まる。大きな風速の風が長い時間継続して吹き続ければ,また吹き続ける距離が長ければ長いほど大きな波に発達する。

　ある一定の風速で吹送距離と吹送時間も一定の場合には,風のエネルギーが波に伝わり波高はだんだん大きくなるが,ある波高に達すると波は砕波しエネルギーを失うので,両者のバランスがとれた状態,つまり波が十分に発達した状態になる。このような状態になると,それ以上波高は大きくならない。一方,強風が吹いていないのに海の波が高いような場合が夏場によく観測される。これは,はるか遠方で発生した波が風域を離れて海岸に到達するうねりという現象で,台風の移動する速さよりも波の移動する速さが大きいために現れる現象である。このように,海の波は,多くは,そのエネルギーのほとんどが風波という重力が復元力になっている波である。風波以外には潮汐が大きなエネルギーをもっている。

4. 海岸災害

海で観測される波を周期別に表すと、通常の波は周期が大きくてもせいぜい20秒程度までである。風が強くなれば当然波も大きくなり、海岸に来襲する波高も大きい。したがって、高波（高い波）災害は強い風が伴う場合であって、台風や冬季の北からの強い風などに伴う場合が多い。気象庁が発令する「波浪警報・注意報」などの場合に多くみられる。

海の波は不規則な波である。ある点で海面の水位変化を時間経過とともに観測した場合、この不規則な波をゼロ水面を基準に下から上に横切る点と、つぎに横切る点との間を1周期とする方法（ゼロアップクロス法）により、波を抽出する。その1周期の間の最大水位と最小水位の差を波高、時間を周期とし、通常20分間の波の連続記録データから得られる波群の中から、大きい方から1/3を選び、それらの平均値を有義波高（1/3最大波高）と定義して求める。有義波周期は波高に対応する波群の周期の平均値である。このようにして得られた波高（有義波高）は、目視観測した平均波高に一致するといわれており、港湾内を静穏に保つための防波堤や防潮堤、水門、閘門(こうもん)といった海岸構造物の設計にも上記の有義波が使われている。

図4.5(b)に示すように、台風による風は気圧が低い中心に向かって吹き込むのであるが、北半球ではコリオリ効果によって進行方向に向かって右側に曲げられ、反時計回りに吹き込むことになる。台風の進行方向の右側では台風の速度と風向きが重ね合わされて強くなる。

有義波の波高がどのくらいの大きさかは季節によっても、また場所によっても変ってくる。太平洋や日本海といった大きな面積の海に面した海岸では、瀬戸内海や内湾といった吹送距離の短い海岸に打ち寄せる波の大きさに比べて大きくなる。日本近海の沿岸で実測された波高データの例を**表4.1**に示す。

日本海沿岸の例として新潟沖、鳥取、太平洋沿岸の例として御前崎、名瀬、また内海の例として神戸の例を示す。この表は有義波高と最高波の波高を月別に示した表である。有義波高は大きい方から1/3の波群の平均波高であり、最高波高は最大の波高であるから、有義波より大きな波高の波が存在することがわかる。

4.2 高波災害　75

(a) 台風の経路図（0514号）

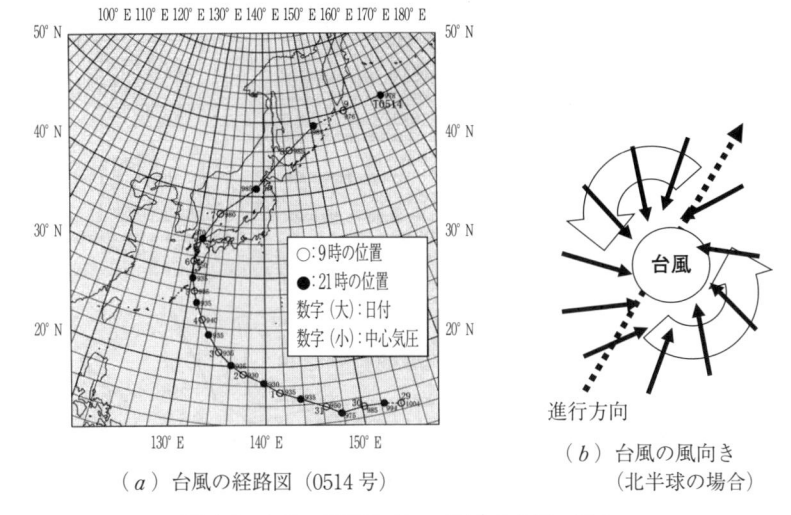

(b) 台風の風向き（北半球の場合）

図4.5 台風の経路図（0514号）[4]と台風の風向

表4.1 有義波と最高波の例（2005（平成17）年）[5]

	月 場所	1	2	3	4	5	6	7	8	9	10	11	12
最大有義波 $H_{1/3}$ [m]	新潟沖	5.55	5.33	4.97	1.83	2.07	1.63	1.76	1.37	3.57	2.46	5.37	8.48
	鳥取	6.31	5.29	3.96	2.61	2.47	1.40	2.10	2.28	2.76	5.57	3.35	5.62
	御前崎	2.34	2.53	2.60	2.60	1.85	4.15	7.16	8.21	6.19	2.52	3.40	1.81
	神戸	0.98	1.13	1.60	1.64	1.51	0.76	0.92	0.60	2.42	1.27	1.22	1.41
	名瀬	4.80	6.18	5.23	3.46	2.31	3.08	1.86	1.57	8.46	2.90	3.43	8.33
最高波 H_{max} [m]	新潟沖	8.97	8.98	8.18	2.84	2.96	2.64	3.18	2.33	5.39	4.12	8.93	—
	鳥取	8.81	9.14	5.74	4.27	4.25	2.63	3.95	3.24	4.56	8.06	5.29	8.18
	御前崎	3.45	4.06	3.87	4.93	3.00	5.86	10.1	—	8.24	3.44	5.97	2.64
	神戸	2.03	1.95	2.55	2.55	2.28	1.31	1.62	0.99	3.47	2.36	2.53	2.56
	名瀬	7.62	8.04	8.70	6.18	4.88	4.76	3.25	2.31	14.2	4.96	4.88	12.3

一例として，2005年の台風14号が9月に**図4.5**(a)のコースで通過する際の波浪データを**表4.2**に示している。この年日本海を通過する台風は14号のみであったため，**表4.1**の9月周辺の新潟沖のデータをみれば，台風が通過すると大きな波浪が打ち寄せることがわかる。2003年9月には台風0314号が日本海のさらに北側を通過しているが，2002年，2003年9月のデータと比

4. 海岸災害

表 4.2 台風14号通過時の波浪データ（2005（平成17）年）[5]

台風14号通過時 （9月3日～8日）	新潟沖	鳥取	御前崎	神戸	名瀬
最大有義波 $H_{1/3}$ 〔m〕	3.57	3.08	6.19	2.42	8.46
最高波 H_{max} 〔m〕	5.39	4.84	8.24	3.47	14.17
2002～2003年の9月の最大有義波高〔m〕	2.20, 2.64	2.25, 3.23	2.13, 3.18	1.28, 1.75	3.35, 5.38

独立行政法人 港湾空港技術研究所　資料 No.1161　全国港湾海洋波浪観測年報（NOWPHAS 2005）より

べてみても同様のことが確かめられる。

　沖合から海岸線に波が進んでくる間にも，波向きや波高が変化する。それは沖合で発生・発達した波が海岸に近づくにつれて，海底地形の影響や港湾・海岸構造物や流れによって波高，波長，波速，波向などが変化することによる。波の変形には，水深が浅くなることによって波高が変化する浅水(せんすい)変形が一般的に生じ，これ以外に屈折，回折，砕波，底面摩擦などによる波高変化がある。

　高波が押し寄せる海岸というのは，波浪エネルギーの大きな海岸線ということもできる。海岸線 1 m 当りに押し寄せる波のエネルギー P を kW/m 単位で表し，日本沿岸の波浪エネルギー分布図として示したのが**図 4.6** である。P は次式で表される。

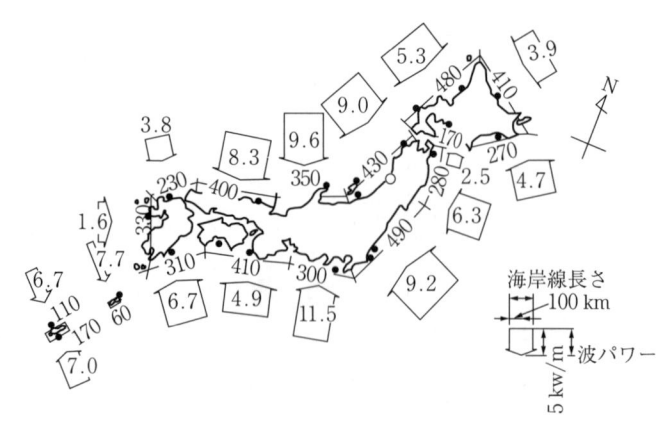

図 4.6 日本周辺の波パワー[6]

$$P \cong 0.5 H_{\frac{1}{3}}^2 T_{\frac{1}{3}}^2 \qquad (4.1)$$

ここに，$H_{\frac{1}{3}}$ は有義波高〔m〕，$T_{\frac{1}{3}}$ は有義波周期〔s〕である[6]。

図 4.6 より，日本海沿岸や太平洋沿岸に大きな波のエネルギーが打ち寄せていることがわかる。

風波による高波によって構造物に大きな波の力が働いたり，越波が生じたりする。波の波高を減じさせることを消波といい，消波工としては異形コンクリートブロックがよく用いられる（後に示す**表 4.5** 参照）。消波機構としては，

1) 構造物内部，表面の摩擦
2) 砕波や越波などに伴う大規模な乱れ
3) 断面の急拡縮に伴う損失
4) 波の分解と重ね合わせによるもの

などがあり[7]，これらのいずれかあるいは組合せで波のエネルギーを減じようとするものである。一方，これらの波浪エネルギーを吸収して電気エネルギーに変換することが可能になれば，エネルギー利用と消波効果につながることになる。波力発電の変換効率は 10～30％ といわれており，時間変動が大きいため実用化は難しいが，ただ航路標識ブイとして 10～100 W の浮体式発電装置が開発されており，小さい規模での波力発電は実用化されている[6]。

波による打上げ高さ R（**図 4.7**）を求めるには次式を用いる。図のように海底勾配（角度 β）から水深 h のところで海岸斜面勾配（角度 α）に変化し，両角度ともに一定の海岸線に，沖波波高 H_0，沖波波長 L_0 が打ち寄せる場合を考える。

海浜への打上げ高さは，打ち寄せる波浪の特性，海底地形，斜面の特性（粒

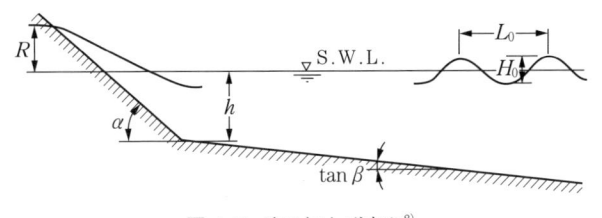

図 4.7 波の打上げ高さ[8]

径，透水係数など）などによって変化する．波打ち際では波の非線形性や砕波，斜面の条件などが関係し複雑であるので，実験から打上げ公式が以下のように表されている[8]．

$$\frac{R}{H_0'} = \phi\left(\frac{H_0'}{L_0}, \frac{h}{L_0} \text{ or } \frac{h}{H_0'}, \tan\alpha, \tan\beta, k_r, p\right) \tag{4.2}$$

ここに，H_0'は沖波波高，L_0は沖波波長，$\tan\alpha$は構造物表法面勾配あるいは前浜勾配，$\tan\beta$は海底勾配，hは勾配変化点での水深，k_rは表法面の粗度を表すパラメータ，pは透水性を表すパラメータである．

表4.3に示されているように，数多くの実験から打上げ高さの算定図が作成されている．

また，合田は越波による被災限界を**表4.4**のように推測している[8]．

表4.3 波の打上げ高さ算定図の例[8]

実験・提案者	構造物の形状	波形勾配 H_0/L_0 [%]	海底勾配 $\cot\beta$	のり面勾配 $\cot\alpha$	相対堤脚水深 h/L_0	備 考
Saville (1958)	複合断面	0.4〜6.0		0.5〜30		仮想勾配法
Hunt (1959)	一様断面		ほぼ水平			
豊島ら (1964)	一様断面	0.42〜10	30	0.5, 1, 2, 3	$0 \leq h/L_0 \leq 0.1$	
豊島ら (1965)	一様断面	0.42〜10	20	0.5, 1, 2, 3	$0 \leq h/L_0 \leq 0.1$	
細井・石田 (1965)	一様断面	2〜6	60	1	負の値	陸上部に設置
中村ら (1972)	複合断面	0.4〜6.0		2〜50		改良仮想勾配法
高田 (1975)	直立堤	0.4〜10	10	0	$0 \leq h/L_0 \leq 0.1$	
豊島 (1987)	緩傾斜護岸	0.6〜5.7	20	5, 6	$0.01 \leq h/L_0 \leq 0.05$	

表4.4 被災限界の越波量[8]

種 別	被 覆 工	越流流量 [m³/m・s]
堤 防	天端・裏のり面とも被覆工なし 天端被覆工あり，裏のり面被覆工なし 三面巻き構造	0.005 以下 0.02 0.05
護 岸	天端被覆工なし 天端被覆工あり	0.05 0.2

4.2.2 高波災害の対策

越波量に関してつぎのことがいえる。越波流量 q を小さくすることは R を小さくすることでもある[9]。

① H_0 が大きいほど q は大きくなり,法面の先で砕波する場合が最大となる。これ以上波高が大きくなると砕波点が沖側に移動して R はかえって小さくなるので,法先より沖合で砕波するか岸側で砕波するかは重要である
② 周期が長いほど q は大きくなる
③ 海底勾配は急なほど q は大きくなる
④ 法面勾配は $\tan\alpha$ が $1/2 \sim 1/3$ のとき q が大きくなる
⑤ 消波工(異形コンクリートブロック)を護岸前面に設置すると q を減少させることができる。天端高さには注意が必要である
⑥ 護岸の天端高さを高くすれば q は減少する

高波による越波や越波後の流れ,波の圧力などによる被害を食い止める必要がある。図 4.8 のように,多くは消波構造物としての異形コンクリートブロックで波を弱めることが多い。また波による海岸底質(砂)の移動により侵食・堆積が起り,海岸構造物の機能が損われたりする。このような被害を防ぐための海岸保全施設としては,堤防,護岸,防砂堤,突堤,離岸堤,導流堤などがあり,侵食対策工法としては 4.5.2 項で説明する養浜工法,サンドバイパス工法,サンドリサイクル工法,人工岬工法などがある。

図 4.8 消波用異形コンクリートブロックの例

防波堤捨石基部などの斜面被覆材として,張り石や異形コンクリートブロックが用いられる。図 4.8 は,異形コンクリートブロックを用いた消波工の一例を示す。この場合の被覆材の所要重量 W を求める式に,安定係数 K_D を用

いたハドソン式がある。

$$W = \frac{w_r H^3}{K_D \left(\dfrac{w_r}{w_0} - 1\right)^3 \cot\alpha} \qquad (4.3)$$

ここに，Wは安定重量，捨石の単位体積重量をw_r，海水の単位体積重量をw_0，斜面の水平面とのなす角度をαとする。

内容は同じであるが，最近では安定質量Mを求める式として安定数N_Sを用いた次式がある。

$$M = \frac{\rho_r H^3}{N_S^3 (S_r - 1)^3} \qquad (4.4)$$

ここに，Mは捨石またはコンクリートブロックの所要質量〔t〕，ρ_rは捨石またはコンクリートブロックの密度〔t/m^3〕，Hは安定計算に用いる波高〔m〕，N_Sは主として被覆材の形状，勾配，被害率などによって定まる定数，S_rは捨石またはコンクリートブロックの海水に対する比重である。

種々のコンクリートブロックの形状とK_D値の一覧を表4.5に示す。

表4.5 種々のコンクリートブロックの形状とK_D値（単層・乱積）[10]

名称	形状	名称	形状	名称	形状
テトラポッド 8.3		コーケンブロック 8.1〜8.3		三連ブロック 10.3	
六脚ブロック 7.2〜8.1		合掌ブロック 8.1〜10.0		ガンマエルブロック 8.5	
中空三角ブロック 7.6〜8.1		W.V 13		四方錐 9.3	
ホロースケヤー 13.6		三柱ブロック 8.1〜10.0		クリンガー 8.1〜8.3	
アクモン 8.3		ジュゴン 8.1〜9.0		シェークブロック 8.6	

4.3 高潮災害

4.3.1 高潮災害の実態

　高潮（storm surge）とは，強風や気圧の急変などの気象上の原因で海面の高さが平常よりも著しく高まる現象をいう．気圧の急変や強風などの気象的な原因によって潮位が上昇する現象であり，通常の天体運動によって起る天文潮位と区別する．実際の潮位から天文潮位を差し引いたものを高潮とよんでいる．

　高潮はわが国では熱帯性低気圧，特に台風の接近に伴って起ることが多い．顕著なものは平均海面上約 4 m の高さに達することがある．伊勢湾，大阪湾，東京湾，有明海などの重要港湾に，しばしば甚大な被害をもたらす．

　図 4.9 は伊勢湾台風（台風 15 号）の経路（図（a））と，そのときの名古屋港の潮位と気圧の変化（図（b））を示している．1959（昭和 34）年 9 月 27 日夜半にかけて，台風の接近とともに異常に高められた海水は，四日市市付近か

(a) 経路図　　　(b) 潮位と気圧の変化図（名古屋港）

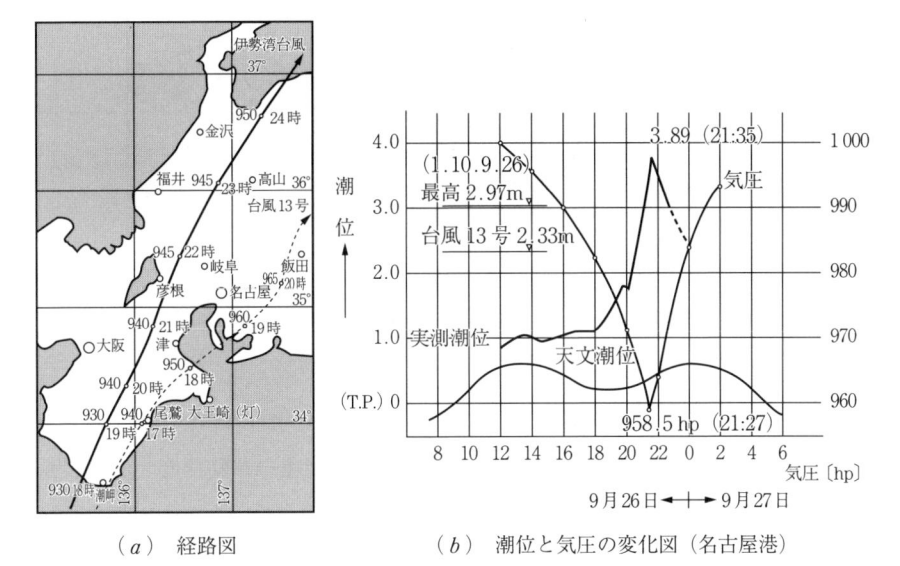

図 4.9　伊勢湾台風の経路図と潮位と気圧の変化図[11]

ら名古屋市南部にかけての海岸・河川堤防を乗り越え内陸に進入した．当時この地域の堤防は，大正10年台風によるT.P.＋2.94mを基準にして耐え得るよう設計されていた．この基準を1mも上回る高潮位に，100箇所以上にわたって決壊した．越波によって堤内の土砂が洗い出されて決壊した例も多かった．

高潮の水位変化は図(b)に示すとおり，台風接近に伴う気圧の低下により水位が上昇する．また高潮の場合は，通常強風による高波を伴うことが多い．図の実測潮位と天文潮位の差が高潮である．台風の接近とともに気圧はどんどん下がるとともに潮位は上がり続け，21：27に958.5hPaの最低気圧を記録し，21：35に実測潮位の最大T.P.＋3.89mを記録している．

図4.10は伊勢湾台風時の浸水範囲を示している．

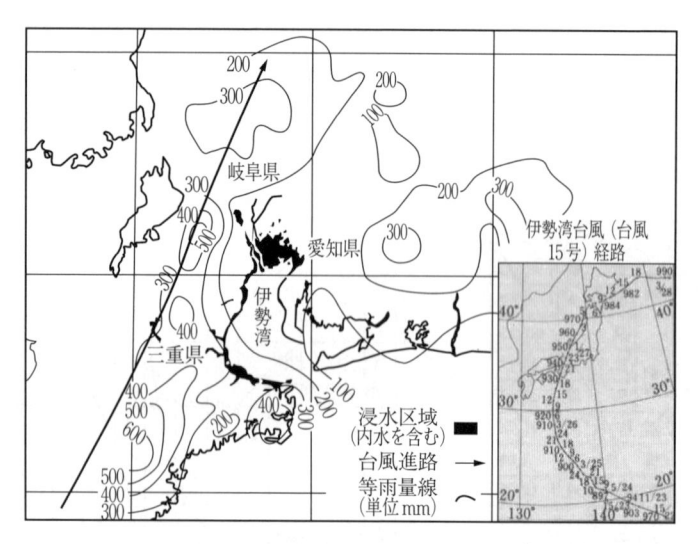

図4.10 伊勢湾台風の進路と浸水範囲[12]

低気圧が通過すると，気圧低下によって海面が吸い上げられ，1hPaの気圧低下に対し，約1cm水面が上昇する．さらに，低気圧の移動速度と湾内の長波の伝播速度が等しくなると共鳴現象が生じたり，湾内の固有振動や湾の断面形状変化に伴い水位が上昇したりすることもある．これらは高潮を大きくすることになる．

4.3 高潮災害

風が水面を吹き寄せることによっても水位が上昇する。熱帯性低気圧（台風）の風向きは中心に向かって，北半球では左向きに，南半球では右向きに吹き込む。日本の場合，台風は南方から北上することが多いので，南に開いた湾では，危険半円（北半球の場合は風は反時計回りであり，北上して進行するから台風のコースの東側にあたる）が湾を通過するように台風が北上すると，吹き寄せ効果によって高潮が大きくなる。さらに台風通過時が満潮時に重なると最悪の条件となる。年間を通じては，干満の差が大きくなる大潮時に重なるとさらに条件は悪くなる。

したがって，① 台風の規模である中心気圧，② 風速が 25 m/s 以上の範囲である暴風半径の大きさと風速の大きさ，③ 台風の危険半円が南に開いた湾の中心を通るかどうか，④ 満潮時に台風が通過するかどうか，に注意せねばならない。

表4.6に顕著な高潮災害例を示す。昭和になって日本を襲った台風のうち，室戸台風，枕崎台風，伊勢湾台風はいずれも大都市のすぐ西側を通過し被害が大きかったので，昭和の3大台風とよばれている。最近では1999（平成11）年9月24日に，伊勢湾台風から40年目に八代海で高潮の災害が発生し，12人の人命が失われた（**図4.11**）。

南に開いた湾には，東京湾，伊勢湾，大阪湾などがある。**表4.6**の高潮事例が示すように，室戸台風，ジェーン台風，第2室戸台風などによる大阪湾や，伊勢湾台風による伊勢湾などでの高潮災害が大きい。

図4.11 不知火町高潮災害（1999年9月24日）[13]

4. 海岸災害

表 4.6 日本の高潮事例

地域	発生日	最大潮位偏差〔m〕	最高潮位〔T.P.上m〕	気象原因	最大風速〔m/s〕	上陸時最低気圧〔hPa〕	死者・行方不明者・負傷者〔人〕	住宅家屋損壊〔棟〕	浸水〔棟〕
東京湾	1917年10月1日	2.1	3.0	台風	40（東京）	952（953）			
大阪湾	1934年9月21日	2.9	3.1	室戸台風	42（大阪）	912（954）	2 702・334・14 994	92 740	401 157
周防灘	1942年8月27日	1.7	3.3	台風	34（下田）	946（967）	891・267・1 438	102 374	132 204
鹿児島湾	1945年9月17日	2.0（鹿児島）		枕崎台風	40（枕崎）	916.1（枕崎）	2 473・1 283・2 452	89 893	273 888
東京湾	1949年8月31日	1.4（東京）		キティ台風	24.9（東京）33.2（横浜）	985.6（東京）981（横浜）	135・25・479	全壊 3 733 半壊 13 470	床上 51 899 床下 92 161
大阪湾	1950年9月3日	2.4（大阪）		ジェーン台風	36.5（和歌山）	963.1（和歌山）	398・141・26 062	全壊 19 131 半壊 101 792	床上 93 116 床下 308 960
瀬戸内海	1951年10月15日	1.3（高松）1.2（神戸・呉・宇野・松山）1.1（大阪）		ルース台風	42.5（枕崎）33.9（広島）	944.5（枕崎）966.0（広島・呉）	572・371・2 644	全壊 24 716 半壊 47 948	床上 30 110 床下 108 163
大阪湾など	1954年9月26日	1.5（大阪）		洞爺丸台風	42.0（北海道寿都）35.7（宿毛）	958.9（北海道寿都）966.1（鳥取）988.0（大阪）	1 361・400・1 601	全壊 8 396 半壊 21 771	床上 17 569 床下 85 964
伊勢湾	1959年9月26日	3.5（名古屋）		伊勢湾台風	37（名古屋）	939.4（尾鷲）	4 697・401・38 921	全壊 40 838 半壊 113 052	床上 157 858 床下 205 753
大阪湾	1961年9月16日	2.6（大阪）		第2室戸台風	36.7（洲本）33.3（大阪）	934.4（洲本）937（大阪）	194・8・4 972	全壊 15 238 半壊 46 663	床上 123 103 床下 261 017

4.3 高潮災害

表 4.6 つづき

地域	発生日	最大潮位偏差 [m]	最高潮位 [T.P. 上 m]	気象原因	最大風速 [m/s]	上陸時最低気圧 [hPa]	死者・行方不明者・負傷者 [人]	住宅家屋損壊 [棟]	浸水 [棟]
名古屋など	1990年9月19,20日	1.96 (名古屋) 1.55 (串本)	2.03 (串本) 1.56 (名古屋)	台風19号	33.1 (潮岬) 32.6 (津)	954.2 (潮岬) 962.1 (尾鷲)	42・2・197	全壊240 半壊916	床上8 333 床下58 029
名古屋など	1994年9月30日	1.52 (名古屋)	1.93 (名古屋)	台風26号	34.1 (津)	960.9 (潮岬) 970.1 (尾鷲)	3・0・62	全壊18 半壊167	床上569
八代海	1999年9月24日	1.8 (八代)	1.8 (八代)	台風18号	56.5 (八代)	930 (950 荒尾市)	31・0・1 211	全壊343 半壊3 629	床上4 947 床下14 697
大阪湾など	2004年6月21日	1.51 (大阪)	1.16 (大阪)	台風6号	26.2 (和歌山)	971.9 (徳島) 972.5 (洲本)	2・3・116	半壊6	床上3 床下58
西日本の湾	2004年8月30日	1.58 (土佐清水)	2.18 (土佐清水)	台風16号	37.0 (油津)	953.7 (枕崎)	14・3・260	全壊51 半壊205	床上14 456 床下31 764
日本全域	2004年9月7日	2.13 (大浦, 佐賀)	2.60 (大浦, 佐賀)	台風18号	36.7 (沖永良部) 21.9 (佐賀)	924.4 (沖縄) 944.3 (佐賀)	43・3・1 399	全壊144 半壊1 506	床上1 328 床下19 758
日本全域	2004年9月29日	1.29 (名古屋)	1.70 (名古屋)	台風21号	31.5 (鹿児島)	975.5 (鹿児島)	26・1・107	全壊75 半壊818	床上5 385 床下15 431
日本全域	2004年10月20日	2.53 (室戸岬)	2.89 (室戸岬)	台風23号	44.9 (室戸岬)	949.4 (沖永良部) 961.7 (室戸岬)	95・3・721	全壊907 半壊7 929	床上13 341 床下41 006

文献：1945年以降のデータは気象庁ホームページ「気象等の知識＞災害をもたらした気象事例」より引用.
（被害は台風に関係する全体の被害. 最大風速は10分間平均風速の最大値である. 値はその台風襲来期間中の最大風速でなく（ ）内に示された場所での最大風速である）

外国の高潮事例としては，サイクロンによるベンガル湾，ハリケーンによるメキシコ湾などがある。また冬の発達した低気圧による例として，北海・バルト海沿岸での高潮事例もある。

2005年8月メキシコ湾に発生したハリケーン・カトリーナによる高潮被害は，ハリケーン史上最大級である。カトリーナは上陸時920 hPaで，ハリケーンの強さは1分間平均風速が58～68 m/sであるカテゴリー4であった。オーシャンスプリングスでは最大高潮偏差が3.5 m以上にもなった（推定3～7 m）。カトリーナは最盛期の気圧が902 hPaと歴代6位，上陸時の気圧も920 hPaで歴代3位と巨大ハリケーンであった。アメリカでも日本と同様に毎年のように高潮災害に悩まされている。

2008年4月ベンガル湾に発生し，ミャンマーを襲ったサイクロン・ナルギスは最大平均風速60 m/s，中心気圧944 hPa，3.5 mの高潮，死者84 537人，行方不明者53 836人という大災害になった。

4.3.2 高潮の予知と災害対策

一般には南または西に開いた湾に沿って，この湾を危険半円（通路の右側）に入れるコースで来襲する台風に伴う高潮が最も危険で，台風の接近とともに潮位がしだいに上昇する。4.3.1項に示した図4.9(b)は伊勢湾台風時の高潮の時間経過図であり，高潮は前駆変動（forerunner），高潮の主部（storm surge）および揺れもどし（resurgence）からなることを示している。

高潮の成因としては，低気圧による海面の吸い上げ（気圧の効果）と，強風による海水の吹き寄せ（風の効果）とが挙げられる。室戸台風の場合，風と気圧の効果の比は3:1ぐらいであった。

気象庁では，高潮予報につぎのような実験式を用いている。

$$\zeta_M = a(P_0 - P) + bW^2 \cos\theta \tag{4.5}$$

ここに，ζ_M：最大潮位偏差，P：最低気圧，P_0：基準気圧，W：最大風速，θ：この風向と湾の主方向とのなす角度，a，bは過去の資料から港湾ごとに求める定数である。右辺第1項は気圧の効果，第2項は風の効果を表す。各港湾の

表 4.7 高潮推算式の定数

地点	a	b	偏差を最大にする風向	資料数
東京	1.059	0.138	S 7.0°E	13
名古屋	1.674	0.165	SSE	11
大阪	2.167	0.181	S 6.3°E	28
神戸	2.33	0.114	S 31.2°W	31
高知	2.385	0.033	S	8
鹿児島	1.234	0.056	SSE	6

a, b の例を**表 4.7** に示す.

高潮の予報には数値計算の結果を用いることもできるが, これのみに頼ることはできない. 多くの場合, 式 (4.5) のような実験式が用いられる. 実際の潮位は, この式で与えられる偏差とその時刻での推算潮位 (**図 4.9**(b)) との和である.

過去の大きな高潮災害は, すべて台風によって引き起こされている. 第2室戸台風は室戸台風とほとんど同じ高潮位を大阪湾北部にもたらしたが, その被害ははるかに小さく, 死者数にして7%, 全壊家屋数にして33%である. これは防潮施設が完備されただけでなく, 防災活動も有効に行われたことによる.

海水面より低い海抜ゼロメートル地帯では, 高潮が発生すれば, 海水が川を逆流し, 堤防を越えて市街地に一気に流れ込む危険性がある.

また地盤沈下が大きく年々沈下の傾向にある地域では, せっかくの防潮堤も高さが不足してくるということになる.

淀川下流域では過去の台風災害を教訓に, 昭和40年に立てられた「大阪高潮計画」により高潮対策が進められている. 戦後最大といわれる1959 (昭和34) 年の伊勢湾台風級の超大型台風が, 満潮時に, 最悪のコースをたどっても安全なように対策が立てられている. 淀川などに架かる橋の中には, いろいろな理由で防潮堤よりも高い位置に架けられないものもある. このような例に対しては, 高潮の恐れがある場合には, 橋の通行を止め, 防潮鉄扉を閉めて浸水を食い止めている. 最近では2004 (平成16) 年に, 相次いだ大雨により2度にわたって防潮鉄扉が閉められている (**図 4.12**)[14].

防潮堤が橋などのために切れ，低くなっている場所を，鉄の扉で閉め切るのが防潮鉄扉である。国道 2 号・淀川大橋では，防潮鉄扉を縦に 180 度旋回させて閉めるようなしくみになっている。ほかの橋では，横にスライドさせるタイプのものなど，さまざまな形の防潮鉄扉がある

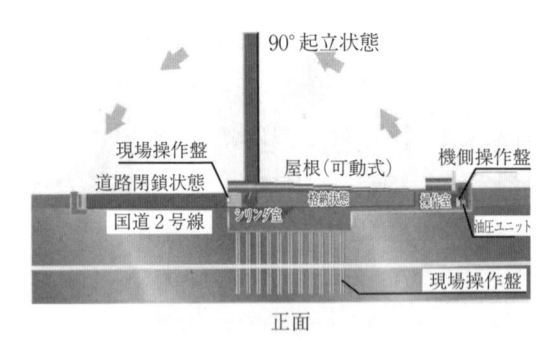

図 4.12 防潮鉄扉の模式図[14]

　施設面の整備としては，海岸堤防，防波堤，護岸，胸壁，水門，閘門，樋門，ポンプなどの排水設備などが挙げられる。**図 4.13** に日本最大級の尼崎閘門（尼ロック）を示す。さらに湾の外側に高潮防波堤を設けて湾内の高潮や波浪を弱めておくこともできる。恐しい高潮の来襲から貴重な人命を守るために，事前の待避が最良の手段である。このことから，いかなる場合にでも緊急避難の態勢を整えておくことが必要である。避難所の配置は避難できる距離を考えて設ける。関係行政機関はあらかじめ各種の条件を検討して，避難所の配置，避難命令の伝達方法，避難後の警備対策などを決め，必要に応じて避難訓練を行い，避難対策を徹底することである。

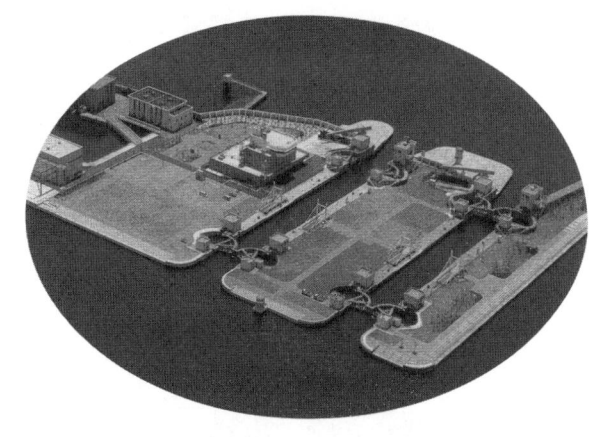

図 4.13 上空から見た尼ロック（二つの閘門を備えている）[14]

4.4 津波災害

4.4.1 津波災害の実態

　津波（tsunami）とは，海底地盤の急激な上昇・沈降とともにその上部の海水が上下に動き，これが長波として伝播する現象である。津波の原因としては，地震によるもの，海底火山の爆発によるもの，地震で山が崩壊して海に流れ込む場合（沿岸地すべり）や海底での地すべり（海底地すべり）による場合などがある。

　津波による被害には，津波の力（波力，浮力）や，押し波や引き波時の流れによって人命が失われたり，家屋が浸水・破壊されたり，木材や船舶，流出家屋などの衝突による被害もある。津波の力によってコンクリート製の建物が倒されたり，防波堤が転倒・移動したり，防波堤基礎の洗掘により防波堤破壊に至ることもある。

　護岸や岸壁などが引き波時の戻り流れによって倒壊する例や，橋が津波の流れ，流出物の衝突で壊されたり，大きなコンクリートブロックが津波によって遠くへ運ばれたりもする。津波来襲時刻が食事時間帯に重なると大火災が発生することもある。

今後もインフラ施設が整備されるに従って，なくてはならないインフラ施設の被害によるダメージも大きくなってくる．東北地方太平洋沖地震津波では原子力発電所が被災し，その影響の大きさと対策の難しさが再認識され，その対策と将来への対応が続けられている．

図4.14は最近の地震の中でマグニチュードが9.0クラスの例を示したものであり，1952年から2011年の間に7例発生している．

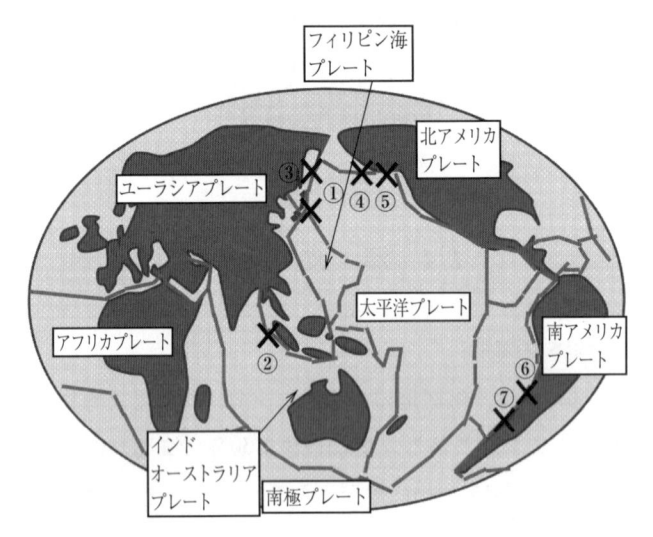

① 東北地方太平洋沖地震津波　2011年　M 9.0　② スマトラ島沖地震津波　2004年　M 9.0
③ カムチャツカ地震津波　1952年　M 9.0　④ アリューシャン地震津波　1957年　M 9.1
⑤ アラスカ地震津波　1964年　M 9.2　⑥ 2010年チリ地震津波　2010年　M 8.8
⑦ 1960年チリ地震津波　1960年　M 9.5

図4.14　最近の巨大津波

また，過去約500年間（1498〜1995）に日本近海で発生した津波の波源域の分布を示したのが**図4.15**である[15]．図からわかるように，日本近海には三陸沿岸のように北米プレートの下に太平洋プレートがもぐり込む場合，日本海のように北米プレートの下にユーラシアプレートが沈み込もうとする場合，南海地震のようにユーラシアプレートの下にフィリピン海プレートがもぐり込もうとする場合がある．

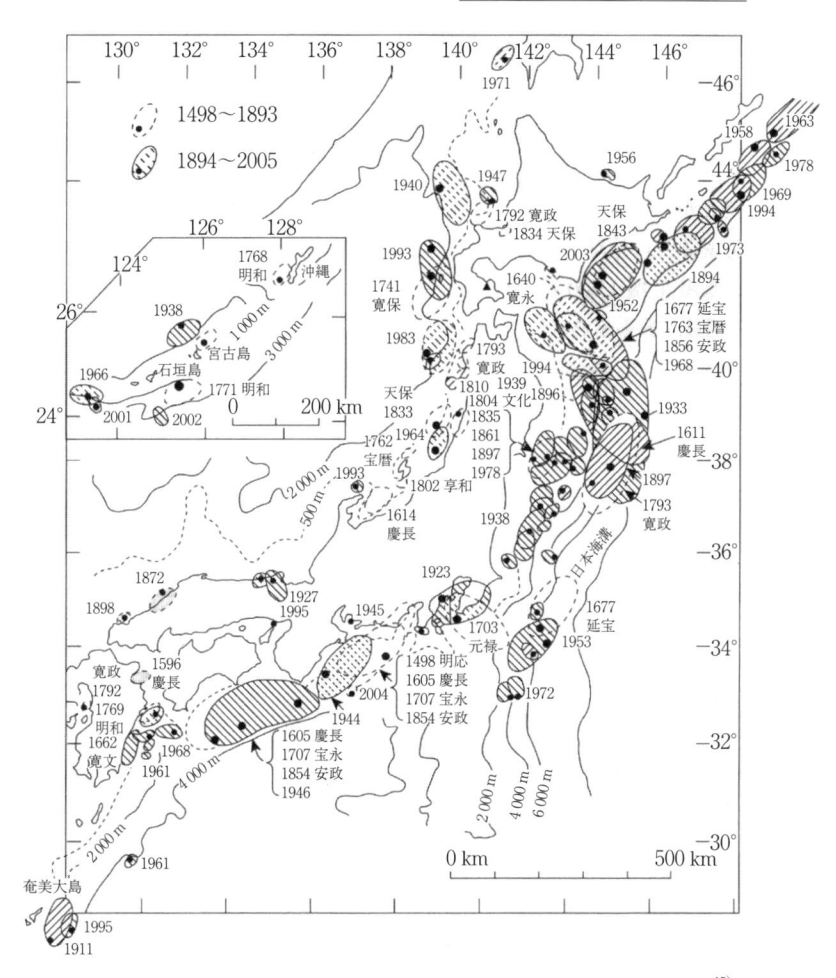

図 4.15 1498～2005 年の間に日本近海で起きた津波の波源域分布[15]

このように，津波はプレートのもぐり込みによるひずみが開放されるときに発生する地震（プレート境界型地震）によって生じることが多い。

三陸沿岸では明治三陸津波（1896 年），昭和三陸津波（1933 年）以前にも 869（貞観 11）年，1611（慶長 16）年の三陸大津波例があり，2011（平成 23）年に発生した東北地方太平洋沖地震は，マグニチュード 9.0 という日本での観測史上最大の地震と同時に発生した，波源域が 200 km×550 km と広大な津波

により，死者・行方不明者合せて19 000人を超える巨大災害となった。この津波は1 000年に一度起るかどうかという巨大津波であり，これを契機に津波対策も，100年に一度起るレベルの地震津波に対する対策と，1 000年に一度のレベルの地震津波に対する対策とを考えなくてはならないと変更された。

駿河・南海トラフ沿いでは，1498（明応7）年，1605（慶長9）年，1707（宝永4）年，1854（安政元）年，1944・1946（昭和19・21）年のように，100年から150年の間隔でマグニチュード8.0～8.4級の巨大地震と津波の被害を受けてきており，東日本大震災の経験もあって，南海・東南海・東海地方沿岸において現在津波対策が進められている。

地すべりによる津波の例を**表4.8**に示す。地すべりには沿岸地すべりと海底地すべりがあり，沿岸地すべりによる津波の例は1792年の雲仙眉山崩壊による津波である（島原大変肥後迷惑）。

表4.8 地すべりによる津波の例[16]

西暦年	津波発生地	原因	最大遡上高さ	死者数〔名〕
1640	北海道（駒ヶ岳）	火山	>8 m	～700
1692	Port Royal, Jamaica	地震	数 m	～2 000
1741	北海道（渡島大島）	火山	10 m	～1 500
1888	Papua New Guinea	火山	>15 m	?
1929	Newfoundland	地震	～30 m	29
1933	Kril Island	火山	20 m	―
1953	Suva, Fiji		15 m	5
1958	Lituya Bay, Alaska	地震	540 m	6
1964	Valdez, Alaska	地震	67 m	50
1979	Nice, France		3 m	3
1994	Skagway, Alaska		11 m	1
1998	Sissano, New Guinea	地震	20 m	2 000

海底地すべりによる津波の例は，1929年カナダニューファウンドランド沖地震による例がある。海底地すべりが毎秒20～50 m/sの速さで伝わったことが，海底ケーブルの破断記録から知られている。海底地震による津波は地震が地すべりのきっかけになるので，地震による津波と地すべりによる津波の両

方の影響が心配されるわけである。

　「災害は忘れた頃にやってくる」といわれるが，2004年のスマトラ沖地震ではインド洋沿岸で28万人を超える死者をだした。1960年のチリ地震津波でも，地球の裏側で発生した地震による津波が1日余りをかけて押し寄せ，日本沿岸に大きな被害をもたらしている。地震の揺れを感じないうえに巨大な津波が襲ってくるのであるから，防ぎようがなかった。

　この津波を教訓に太平洋沿岸域の地震・津波発生情報のネットワークが整備され，各国で津波対策が強化された。2004年のスマトラ沖地震津波の際にも，被害はインド洋沿岸に広く及び，インド東岸，スリランカ，モルジブ，アフリカ東岸などの国々でも多くの死者を出している。これらの国々でも地震・津波情報のネットワークの整備がなされつつある。このような災害が繰り返されないためにも，予想される危険地域での防災意識の高揚が望まれる。

　わが国でも2010年2月27日に，チリ沖地震（$M_W = 8.8$，震源深さ$h = 34$ km）による津波が来襲した。1960年5月22日のチリ地震（$M_W = 9.5$，$h = 33$ km）による津波を彷彿とさせられた。

　日本では津波注意報・警報が発令され被害が心配された。津波高さは最大で1.5m程度となり，人的被害はなかったが各地で津波による被害が発生している。このとき，大津波警報が出されたにもかかわらず，避難勧告に従った人が少ない都市もみられ，過去の教訓が生かされていないことが浮き彫りにもなった。また，車で避難した人が渋滞に巻き込まれ避難が遅れることもあった。さらに，サーファーが勧告に従わないという事例も報告されていた。さらに大きな津波が襲ってきていたら，被害はもっと大きくなっていたであろう。教訓を大事にしたいものである。

　表4.9から**表4.15**までに，日本周辺の津波規模（4.4.2項参照）が1以上の地震津波に関して地域別にまとめている[15]。過去の津波記録は文献17）に詳しい。またその後についての津波一覧は理科年表などで調べることができる。

　津波が襲ってくる場所と時節，時間によって被災時の状況は大きく変わる。北方で季節が冬，時間帯が深夜あるいは食事時間帯などであれば，津波による

被害も大きくなる。以下の津波の歴史では，以上のような条件に加えて，日本近海では過去に，地震マグニチュードM 6.3以上で，かつ震源深さ h が60 kmより浅い場合に津波が発生していることから，これらの条件も記載している。これらのデータ以降についてもMとh，津波発生の関係について研究は続けられており，新しい知見が発表されている。

1) 三陸地方沿岸 表4.9は三陸地方沿岸に来襲した津波のうち貞観地

表4.9 三陸地方沿岸の過去の津波記録

地域/津波		発生年月日 地震発生時刻	地震マグニチュードM	津波マグニチュードm	震源深さh〔km〕1926年以降表記	波源域〔km×km〕	津波高さ〔m〕，被害状況等
三陸地方沿岸	貞観の三陸沖地震津波	869年7月13日	8.3	4	―	―	
	慶長の三陸沖地震津波	1611年12月2日13～14時	8.1	4	―	―	震害は軽かったが，津波被害大
	延宝の三陸沖地震津波	1677年4月13日23～1時	7.9	2	―	―	
	安政の八戸沖地震津波	1856年8月23日13時	7.5	2	―	―	震害は少なかったが，津波が三陸北海道南岸を襲う
	明治三陸地震津波	1896年6月15日19時32分	8.2	4	―	―	吉浜24.4，綾里38.2，田老14.6
	宮城県沖	1897年8月5日9時10分	7.7	1	―	―	盛3，釜石1.2
	昭和三陸地震津波	1933年3月3日2時31分	8.1	3	10	145×500	綾里28.7
	1960年チリ地震津波	1960年5月23日	チリ沖 Ms 8.5，Mw 9.5	4	0	×600～1000	遠地津波対策，日本で死者119人，チリ5700人，津波警報は第1波到達後，三陸海岸で6 m超，尾鷲5，須崎3，奄美4.4，沖縄3.3
	1968年十勝沖地震津波	1968年5月16日19時39分	7.9	2	0		三陸沿岸3～5，襟裳岬3
	2010年チリ沖地震津波	2010年2月28日	チリ沖 Mw 8.8	1	35	×450～500	最大1.5
	東北地方太平洋沖地震津波	2011年3月11日14時46分	9，Mw 9.1	4	24	200×550	最大約40

震津波（869年）から2011（平成23）年の東北地方太平洋沖地震津波までを表にしたものである。

1933（昭和8）年（3月3日2時31分，マグニチュードM 8.1，津波マグニチュードm 3，震源深さh 10 km）三陸津波は，昭和三陸大津波とよばれる三陸型津波である。津波の高さは田老10.1 m，白浜23 m，綾里24 m，只越7 mであり，明治三陸大津波（明治29年）の田老14.6 m，白浜22 m，綾里38.2 m，只越8.5 mよりは小さかった。1960年のチリ地震津波では田老2.6 m，白浜4.7 m，只越3.7 mであった。

図 *4.16* は，平成・昭和・明治・慶長の4回の三陸津波時における山田町の津波浸水域を示している。図からわかるように，昭和より明治，明治より慶長の津波ほど最大浸水高さは高いことがわかり，平成の津波はこれらより大きかったとことがわかる。前の津波がこの高さまでだからといって安心はできないという例である。

1960（昭和35）年（5月23日，Ms 8.5，Mw 9.5，m 4，h 0 km）のチリ地

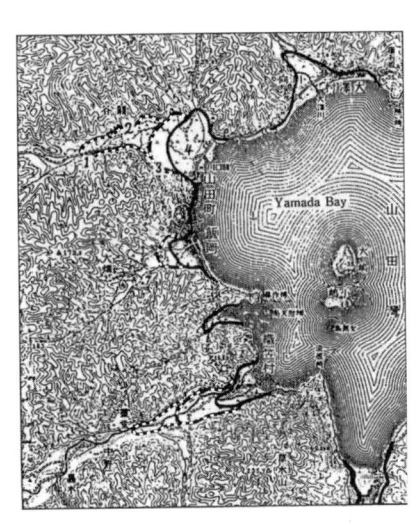

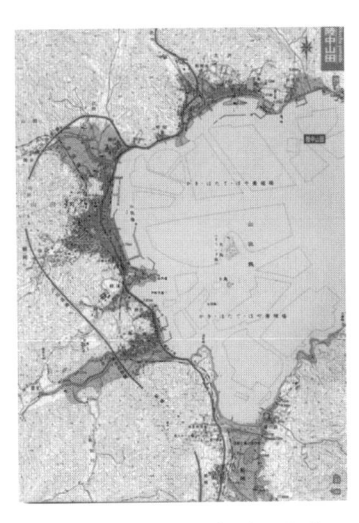

図 *4.16* 岩手県山田町の過去4回の三陸津波浸水域（右図は2011（平成23）年の東北地方太平洋沖地震津波，左図の実線は1933（昭和8）年の昭和三陸津波，1点鎖線は1896（明治29）年の明治三陸津波，破線は1611（慶長16）年の慶長三陸津波）[18),19)]

震津波は，日本の外国津波に対する研究が急速に進歩する契機となった地震津波である。遠地津波災害に対する対策の必要性とともに，気象庁の津波予報組織も，国際的な組織と連携したネットワークとして再編成された。津波は広く太平洋沿岸に来襲し，津波警報の発令は第1波到達後であった。日本での死者は119人で，最大振幅6mを超えたのは三陸海岸，尾鷲で5m，須崎で3m，奄美で4.4m，沖縄で3.3mであった。

1968（昭和43）年（5月16日，M7.9，m4，h0km）の十勝沖地震津波は，三陸沿岸で3～5m，襟裳岬で3mの津波が来襲した。

2）関東地方沿岸　表4.10は関東地方沿岸に襲来した津波のうち1633（嘉永10）年から1953（昭和28）年までを表にしたものである。

1923（大正12）年（9月1日，M7.9，m2）の関東地震津波（関東大震災）では関東沿岸に津波が襲来し，波高は熱海で12m，房総半島先端付近で9m，

表4.10　関東地方沿岸の過去の津波記録

	地域/津波	発生年月日 地震発生時刻	地震マグニチュードM	津波マグニチュードm	震源深さh 〔km〕1926年以降表記	波源域 〔km×km〕	津波高さ 〔m〕
関東地方沿岸	相模・駿河・伊豆	1633年3月1日4時	7.0	1	—	—	熱海に津波襲来
	磐城・常陸・安房・上総・下総	1677年11月4日20時	8.0	2	—	—	磐城から房総にかけて津波
	元禄地震津波	1703年12月31日2時	7.9～8.2	3	—	—	津波が犬吠埼から下田の沿岸を襲う
	相模・武蔵・甲斐	1782年8月23日2～4時	7.0	1	—	—	熱海で津波
	関東地震津波	1923年9月1日11時58分	7.9	2	—	—	関東沿岸に津波が襲来，熱海12，相浜9.3
	房総沖地震津波	1953年11月26日2時48分	7.4	1	60	—	関東沿岸に小津波，銚子付近最大2～3

伊豆大島岡田で12m，相浜で9.3mであった。

3) 東海・南海・東南海地方沿岸　表4.11は，東海・南海・東南海地方沿岸に襲来した津波のうち，慶長地震津波(1605年)から南海地震津波(1946年)までを表にしたものである。

表4.11　東海・南海・東南海地方沿岸の過去の津波記録

地域/津波		発生年月日 地震発生時刻	地震マグニチュードM	津波マグニチュードm	震源深さ h〔km〕1926年以降表記	波源域〔km×km〕	津波高さ〔m〕
東海・南海・東南海地方沿岸	慶長地震津波	1605年2月3日(慶長9年12月16日)22～23時	7.9(2回)	3	—	—	津波が犬吠埼から九州まで来襲
	宝永地震津波	1707年10月28日(宝永4年10月4日)13～14時	8.6	4	—	—	津波が紀伊半島から九州までの太平洋沿岸や瀬戸内海を襲う
	安政東海地震津波	1854年12月23日(安政元年11月4日)9時	8.4	3	—	—	津波が房総から土佐までの沿岸を襲う
	安政南海地震津波	1854年12月24日(安政元年11月5日)16時	8.4	4	—	—	串本15，久礼16，種埼11
	東南海地震津波	1944年12月7日(昭和19年)13時35分	7.9	3	30	×180	熊野灘沿岸で6～8
	南海地震津波	1946年12月21日(昭和21年)4時19分	8.0	3	20		紀伊半島袋6.6，三重徳島，高知で4～6

1854(安政元)年(12月23日午前9時頃，M8.4，m3)の安政東海地震津波の被害区域は関東から近畿に及び，1日後に発生した安政南海地震津波と重なり合って，被害区域の区別ができないことが多い。沼津から伊勢湾にかけての海岸で被害が大きい。死者は2000から3000人で，津波高さは静岡県熱海6.2m，入間13.2～16.5m，多比7.2m，三重県国崎20.9～21.1m，越賀10.9m，贄浦10.8m，早田9.3m，新鹿10m，和歌山県勝浦6mなどであった。

98   4. 海岸災害

　1854（安政元）年（12月24日午後4時頃，M 8.4, m 4）の安政南海地震は東海地震の32時間後に発生し，近畿付近では二つの地震の被害をはっきりと区別できない。被害区域は中部から九州に及び，死者は数千人。津波は和歌山県袋 6.5〜7 m，千鹿ノ浦 6〜6.5 m，三尾 6.6〜8.7 m，由良町 5〜7.5 m，徳島県由岐町 6〜7 m，牟岐町 5〜6 m，海南市浅川 6〜7 m，高知県土佐市 7〜8 m，佐賀町伊田 7.5 m，大方町上川口 7.5 m などであった。

　1944（昭和19）年（12月7日13:35, M 7.9, m 3, h 30 km）の東南海地震津波の被害は，高さの大きかった三重県と和歌山県に集中した。津波の高さは静岡県柿崎 2.5 m，愛知県一色町 1.5 m，三重県的矢 3.0 m，国府 3.0 m，吉津 6.0 m，神町 6.0 m，錦村 7.0 m，九鬼 7.0 m，盛松 9.0 m，賀田 9.0 m，仁木島 6.3 m，新鹿 6.0 m，和歌山県天満 5.0 m，大地町 5.0 m などであった。静岡・愛知・三重などで合わせて死者・不明者 1223 人。

　1946（昭和21）年（12月21日4:19, M 8.0, m 3, h 20 km）の南海地震津波は房総半島から九州までの沿岸に来襲し，津波高さは静岡県下田町 2.0 m，三重県三木浦 2.8 m，三木里 3.8 m，賀田，木本 4.0 m，和歌山県袋港 5.5 m，白浜 6.5 m，大阪府堺港内 3.0 m，兵庫県福良町 2.5 m，徳島県大川橋 4.5 m，高知県甲浦町 5.0 m，佐喜浜 5.0 m，新宇佐 5.0 m などであった。

　4）　日本海沿岸　　表 **4.12** は日本海沿岸に襲来した津波のうち1762（宝暦）12年から日本海中部地震津波（1983年）までを表にしたものである。

　1983（昭和58）年（5月26日，M 7.7, m 2〜3, h 14 km）の日本海中部地震津波は日本海型津波で，津波は速いところでは津波警報発令以前に沿岸に到達した。死者104人のうち100人が津波被害によるものであり，なかでも港湾護岸工事中41人，魚釣り中18人，遠足中13人と多くの人命が失われた。津波痕跡高さでは，北海道奥尻島群来岬 6.95 m，青森県小泊港 5.34 m，十三湖 6.14 m，鰺ヶ沢町川尻 4.06 m，深浦町田野沢 4.76 m，岩崎村木蓮寺 5.99 m，秋田県では八森町東八森 11.54 m，峰浜村 12.98 m，能代市河口 7.85 m，若美町 6.61 m，男鹿市入道崎 5.95 m，加茂青砂 3.36 m となっている。島や半島で高くなっているところがある。

4.4 津波災害　99

表 4.12　日本海沿岸の過去の津波記録

地域/津波		発生年月日 地震発生時刻	地震マグニチュード M	津波マグニチュード m	震源深さ h〔km〕1926 年以降表記	波源域〔km×km〕	津波高さ〔m〕
日本海沿岸	佐渡	1762 年 10 月 31 日（宝暦 12 年 9 月 15 日）14〜15 時	7.0	1	—	—	鵜島村で津波
	西津軽	1793 年 2 月 8 日（寛政 4 年 12 月 28 日）14 時	6.9〜7.1	1	—	—	小津波
	羽前・羽後/象潟地震津波	1804 年 7 月 10 日（文化元年 6 月 4 日）22 時	7.0	1	—	—	津波は能代から三瀬まで及ぶ
	羽前・羽後・越後・佐渡	1833 年 12 月 7 日（天保 4 年 10 月 26 日）15 時	$7\frac{1}{2}$	2	—	—	津波が本庄から新潟の海岸と佐渡を襲う
	新潟地震津波	1964 年 6 月 16 日（昭和 39 年）13 時 1 分	7.5	2	40	×80	大島埼 5, 両津 3, 七尾 2, 船川 2〜3
	日本海中部地震津波	1983 年 12 月 31 日（元禄 16 年 11 月 23 日）11 時 59 分	7.7	2〜3	14	90×140	日本海型津波, 死者 104 人, 津波は速いところで警報前に

5）北海道沿岸　表 4.13 は，北海道太平洋沿岸に襲来した津波のうち 1843（天保 14）年から 2003 年十勝沖地震津波までを，表 4.14 は，北海道日本海沿岸に襲来した津波のうち 1792（寛政 4）年から北海道南西沖地震津波（1993 年）までを表にしたものである。

1994（平成 6）年（10 月 4 日, M 8.1, m 2, h 23 km）の北海道東方沖地震津波はマグニチュード M 8.1 の巨大地震であり，花咲で検潮記録による津波の最大全振幅は 3.44 m であった。北方領土諸島で津波高さが大きく，被害が顕著であった。

表4.13　北海道太平洋沿岸の過去の津波記録

地域/津波		発生年月日 地震発生時刻	地震マグニチュードM	津波マグニチュードm	震源深さh〔km〕1926年以降表記	波源域〔km×km〕	津波高さ〔m〕
北海道太平洋沿岸	釧路・根室	1843年4月25日（天保14年3月26日）6～8時	7.5	2	—	—	八戸で津波
	色丹島沖	1893年6月4日（明治26年）2時27分	$7\frac{3}{4}$	1	—	—	色丹島2.5
	根室沖	1894年3月22日（明治27年）19時23分	7.9	2	—	—	宮古4.0，大船渡1.5
	1952年十勝沖地震津波	1952年3月4日（昭和27年）10時23分	8.2	2	54		北海道で3前後，三陸海岸1～2
	北海道東方沖地震津波	1994年10月4日（平成6年）22時22分	8.2	2	23		花咲1.73，択捉島で死者不明10人
	2003年十勝沖地震津波	2003年9月26日（平成15年）4時50分	8.0	2	45		北海道と本州の海岸に最大4

表4.14　北海道日本海沿岸の過去の津波記録

地域/津波		発生年月日 地震発生時刻	地震マグニチュードM	津波マグニチュードm	震源深さh〔km〕1926年以降表記	波源域〔km×km〕	津波高さ〔m〕
北海道日本海地方沿岸	後志	1792年6月13日（寛政4年4月24日）15～17時	7.1	2	—	—	
	積丹半島沖地震津波	1940年8月2日（昭和15年）0時8分	7.5	2	10	—	波幌・天塩2，利尻3，金沢・宮津1
	北海道西方沖	1947年11月4日（昭和22年）9時9分	6.7	1	0		利尻島沓形で2，羽幌付近で0.7
	北海道南西沖地震津波	1993年7月12日（平成5年）22時17分	7.8	3	35		日本海東縁部の地震空白域，奥尻島地震発生後5分で津波，警報発令前，夜半

4.4 津波災害

　1993（平成5）年（7月12日，M 7.8，m 3，h 35 km）の北海道南西沖地震津波は，特に奥尻島および北海道南西海岸に来襲した。奥尻島対岸への津波の襲来は地震発生後5分で，気象台の警報発令時には第1波が来襲していた。江差港での津波の最大全振幅は3.5 m以上であった。痕跡高さでは奥尻島藻内で31.7 mを記録している。青苗市街地では津波高さが10 mを超えたところもある。地震と津波による被害は死者202名，不明28名と多くの人命を失っている。津波の来襲が夜中であったことも被害を大きくした。日本海東縁部の地震空白域での地震発生の危険性が認識された。

　6）沖縄地方沿岸　表 4.15 は，沖縄地方沿岸に襲来した津波のうち八重山地震津波（1771（明和8）年）以降，現在までを表にしたものである。

　八重山地震津波（4月24日，M 7.4，m 4）は八重山・宮古両列島を襲い，津波の高さは石垣島で最大30 m，宮古島で20 m弱，下地島で15 m弱，伊良部島佐和田で13 m，池間島10 m，多良間島で20 m弱，水納島で10 m，美上，波照間島18 m以上，黒島で10 m以上などとなり，石垣島で最も多くの被害を受けた。家屋流出2 000余，溺死約12 000という甚大な被害となった。

表 4.15　沖縄地方沿岸の過去の津波記録

	地域／津波	発生年月日 地震発生時刻	地震マグニチュード M	津波マグニチュード m	震源深さ h〔km〕1926年以降表記	波源域〔km×km〕
沖縄地方沿岸	八重山地震津波	1771年4月24日（明和8年3月10日）8〜10時	7.4	4	—	津波の被害大

4.4.2　津波の規模の表示

　〔1〕**津波の大きさ**　津波の高さは**図 4.17**のように，ある基準海水面上の波の高さで表す。基準海水面としては平均海水面や平常潮位などがある。振幅とか全振幅という語句も使われる。図中，破線が平常潮位であるので，平常潮位からの高さをとればABが津波高さとなる[20]。

　津波の大きさは，海底での断層のずれの大きさによっても変る（**図 4.18**）。

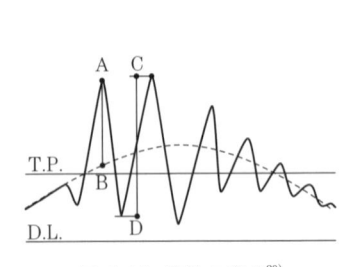

図 4.17 津波の高さ[20]

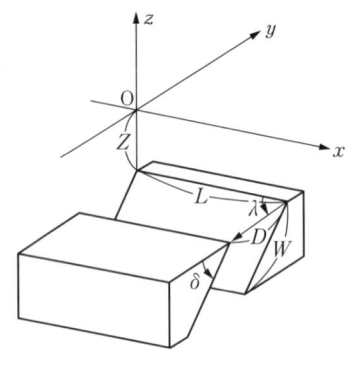

走向，傾斜角 δ，すべりの方向 λ，すべりの大きさ D，断層面の長さ L，幅 W，断層面の深さ z，食違いの立上り時間 τ，地盤の剛性率 μ[20]

図 4.18 断層パラメーター

断層の傾斜角が大きくなればなるほど，同じ断層面の幅（W）であっても，鉛直方向への水位上昇量が大きくなり大きな津波が発生する。もちろん，ずれの時間的な速さや水深も影響する。日本海側の地震と比べて太平洋側の地震はすべりが大きい。一方，断層角度は太平洋側が 20°前後に対し日本海側は 50°と大きい。したがって，日本海側は太平洋側と比べてすべりが小さくても断層角度が大きいので，大きな津波が発生することになる[21]。

図 4.19 は，1960 年のチリ地震津波の北海道花咲検潮所での記録である。何

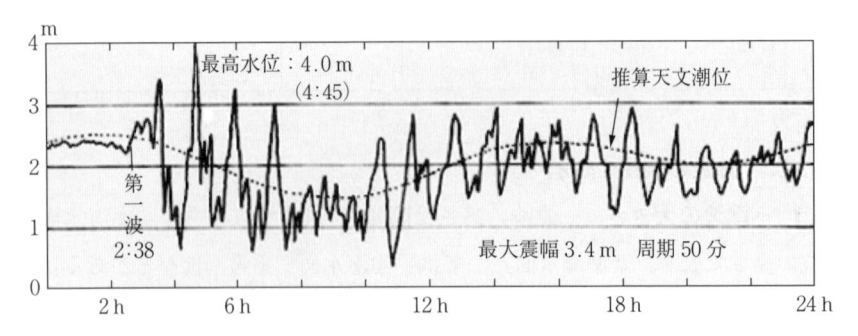

図 4.19 1960 年チリ地震津波の波形記録（北海道花咲検潮所）[22]
（http://dil.bosai.go.jp/workshop/01kouza_kiso/tsunami/f4.htm より 2013 年 7 月 1 日取得）

回も津波が押し寄せているのがわかる。

図 **4.20** は東北地方太平洋沖地震津波の波浪計の記録例である。図(a)からは，場所によって水位が下がり始めるところと上がり始めるところの違いがわかり，また短い時間で水位が上昇する鋭い峰をもつところとそうではないところの違いもわかる。GPS 波浪計は沖合 20 km 程度離れた水深 125〜430 m の海底に設置されている。図(b)は，GPS 波浪計・沿岸波浪計・潮位計による観測波形の比較を示している。GPS 波浪計から沿岸波浪計に津波が到達する時間がわかる。久慈港で約 9 分，仙台新港で約 32 分の時間間隔がある。

三陸海岸に代表されるリアス式海岸では，湾の奥に入るにつれて湾の幅はだんだんと狭くなり，水深は浅くなる。このとき，湾幅 b_0 で水深 h_0 のときの波高を H_0 とし，湾幅 b_1，水深 h_1 での波高 H_1 であるとすれば

$$\frac{H_1}{H_0}=\left(\frac{h_0}{h_1}\right)^{\frac{1}{4}}\left(\frac{b_0}{b_1}\right)^{\frac{1}{2}} \tag{4.6}$$

となり，これをグリーンの法則式という。$h_0>h_1$，$b_0>b_1$ のようにだんだんと水深が浅くなり，幅が狭くなるから波高は水深比の 1/4 乗に，幅比の 1/2 乗に比例して大きくなる。

以上のようにリアス式海岸に波が入ってくると，波のエネルギーは寄せ集められ急激に増加し波高が大きくなる。このようなタイプの津波を三陸型津波とよんでいる。三陸リアス式海岸とは異なり，日本海のような開いた砂浜の大陸棚のところでは，海の深さが急に浅くなり，波の進行速度が遅くなる。波長は短くなり，1 波長当りの波のエネルギーは一定に保たれるから，波高は波長が短くなった分高くなる。このようなタイプの津波を日本海型津波という。

1983 年 5 月 26 日正午，秋田・青森両県を中心とした沿岸部は日本海中部地震津波にみまわれ大きな被害を受けた。日本海側は三陸海岸のようなリアス式海岸とは異なり開いた砂浜が多く，三陸海岸のような津波はないという誤解があり，これが津波による人的被害を大きくした。歴史的にはこのような根拠はなく，青森県の十三湊は鎌倉時代までは大きな商業港であったが，1341 年の

104　　4. 海　岸　災　害

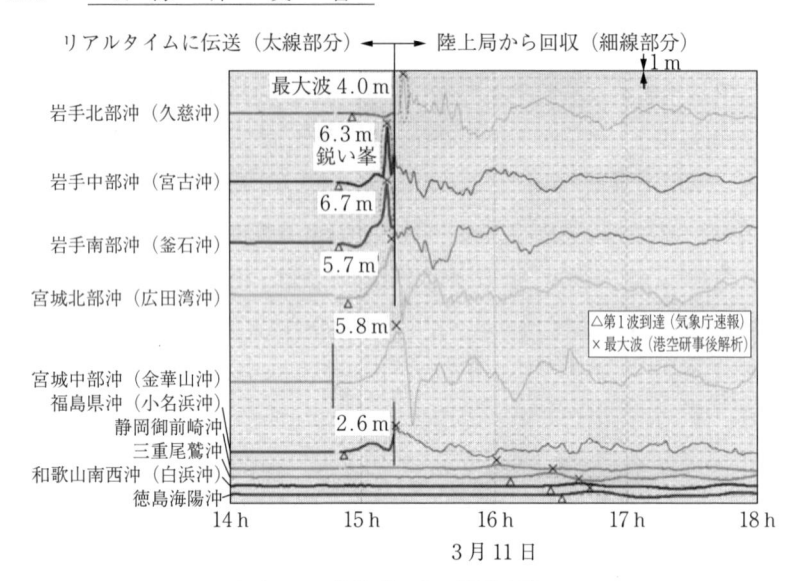

(*a*) GPS 波浪計による観測波形

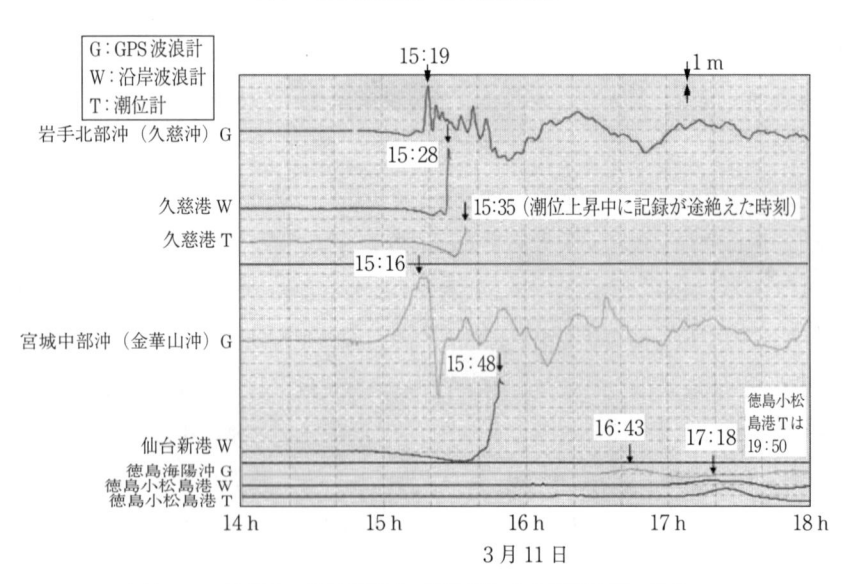

(*b*) GPS 波浪計・沿岸波浪計・潮位計による観測波形の比較

GPS 波浪計の設置水深は久慈沖 (125 m), 宮古沖 (200 m), 釜石沖 (204 m), 広田湾沖 (160 m), 金華山沖 (144 m), 小名浜沖 (137 m), 尾鷲沖 (210 m), 和歌山南西沖 (201 m), 徳島海陽沖 (430 m)

図 4.20　東北地方太平洋沖地震津波の波形記録[23]

津波により全滅したともいわれている。日本海型津波は海の深さが急に浅くなることにより起る[24]。

後述の式 (4.7) で説明するように，波の伝播速度は水深によって変化することがわかる。スネルの法則から，海底地形の変化（水深の変化）により波は屈折し，津波は浅い方へと向きを変えて進む。地震の発生場所がわかれば，津波到達時間は波源域からの距離を津波の伝播速度で割れば求められるので，任意の海底での水深がわかっていれば，式 (4.7) によって津波の伝播速度が計算され，**図 4.21** のような津波の屈折図（伝播図）が描かれる。したがって，地震発生時刻から何時間後に津波が到着するかを予想できる。

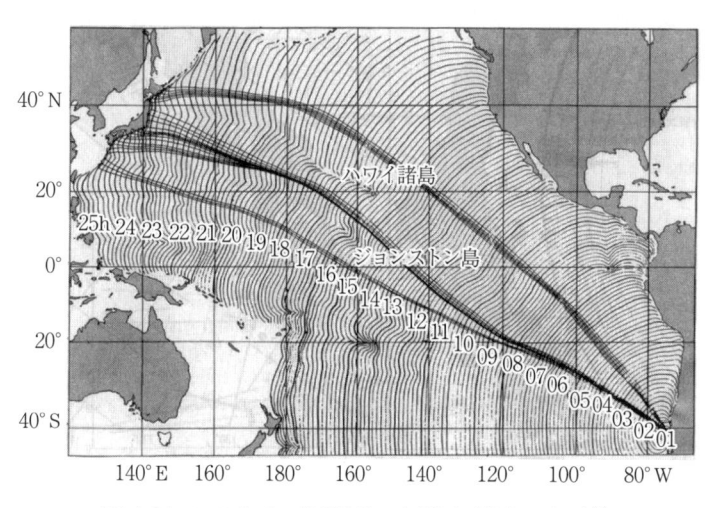

図 4.21 1960 年チリ地震津波の伝播図（単位：時間）[25]

伝播速度は水深により変化するので，それを考慮して求めなければならない。考えている海域での波の屈折図を作成しておき，波峰線に垂直な波線間の距離を計算し，波のエネルギーが波線間で保存されると考え，波高を推定することが可能である。

海の深さが急激に変化するところでは波の反射現象がみられる。反射によって進行波のエネルギーが減少した分，進行波の波高は小さくなる。

島や岬などの障害物があるときには，波は回折して背後に回り込む。この回

折によっても波の波高が変化する．島で回折された波が背後で会することによって，そこでは波のエネルギーが大きくなることもある．

〔2〕 **津波の伝播速度と到達時間**　津波の波長は非常に長く，深海でも長波として考えられ，深さ h での伝播速度 C は

$$C = \sqrt{gh} \tag{4.7}$$

となる．上式のように，津波の進行速度は水深の平方根に比例する．例えば，太平洋の平均水深を 4 000 m と考えれば，津波は毎時約 700 km の速さで太平洋を伝わることになる．陸に近付くと海は浅くなるので，津波の速度は遅くなる．陸に上がってからの津波の速度は 10 m/s ぐらいであることが多いので，走っても逃げられるような速度ではない．東北地方太平洋沖地震津波の際，仙台平野の海岸から 1 km 内陸部でも時速 20 km（毎秒約 5.6 m）であったことが報道されている．

チリ地震（1960 年 5 月 22 日，Ms 8.5，Mw 9.5，死者 5 700）の場合の津波伝播図が前出の**図 4.21** であり，津波は太平洋沿岸に来襲し，日本での死者は 119 人であった．当時，津波警報は第 1 波到達後に発令された．最大振幅 6 m を超えたのは三陸海岸で，尾鷲では 3 m，須崎で 3 m，奄美で 4.4 m，沖縄で 3.3 m であった．すでに述べたように水深の平方根に比例して伝播速度は変化するので，例えばハワイ島などのように水深が浅くなるところがあるとその近傍では津波の速度が遅くなり，津波も屈折することになる．この図から津波が屈折している様子がよくわかり，また到達時間もわかる．

このような屈折図を描くと地形変化（水深変化）により津波の進行線（図中の実線）間隔が狭いところと広いところがあることがわかる．狭いところでは津波エネルギーが集まっており波高が高く，逆に広いところでは波高が小さくなることを示している．島が波源域の中にある場合には到達時間は短くなり，あっという間に達するということもあり得る．1993 年 7 月 12 日の北海道南西沖地震（M = 7.2，h = 34 km）では，地震発生（22 時 17 分）から 5 分後に津波が押し寄せている．奥尻島が波源域内にあったためである．このように津波警報が間に合わない場合も想定される．

〔3〕 津波の規模階級（津波マグニチュード）　計算によると，地震エネルギーの 1/10～1/100 が津波のエネルギーとなっており，大きい津波ほど地震エネルギーに占めるエネルギーの割合は大きい。

津波の波長は長く，その分エネルギーも巨大になる。津波の先端が浅水域に近付き速度が遅くなっても，津波の波長は長いので津波の後端はまだ深いところにあり，速い速度で近付いててくることになる。つまりエネルギーが集中して波高が大きくなる。**表 4.16** にあるように波高が 20 m 以上になることもある。津波は沖合ではゆったりした上げ潮のように感じるられるが，岸に近付くとエネルギーが寄せ集められ巨大になるのである。

表 4.16　津波マグニチュード[26]（今村・飯田のスケール）

規模階級 m	津波の高さ	被害程度
−1	50 cm 以下	無被害
0	1 m 程度	非常にわずかの被害
1	2 m 前後	海岸および船の被害
2	4～6 m	若干の内陸までの被害や人的損失
3	10～20 m	400 km 以上の海岸線に顕著な被害
4	30 m 以上	500 km 以上の海岸線に顕著な被害

津波は海底地盤の上昇・下降により生じるのであるから，引き波（下げ波）から始まる場合もあれば押し波（上げ波）で始まる場合もある。さらに津波は何回も押し寄せるので注意が必要である。

地震マグニチュード M が地震のエネルギーに対応し，震度階が震度の強弱に対応するように，津波に対しては津波の波高以外に津波マグニチュード m で津波規模を表している。例えば，日本海中部地震津波（1983）・北海道南西沖地震津波（1993）では m 3（津波マグニチュード 3），三陸はるか沖地震津波（1994）は m 1.5，東北太平洋沖地震津波（2011）は m 4 であった。

表 4.16 は今村・飯田による規模階級を示す。各階級の津波エネルギーは，数値実験から得られた津波のポテンシャルエネルギー（波源における水位変動の位置エネルギー）を示している。規模階級は波高で 2.24 倍，エネルギーに

して5倍大きくなるごとに1階級変化するように区分されている。最大級の津波エネルギーは10^{22}エルグのオーダーである。

津波マグニチュードmと地震のマグニチュードMには比例関係がある。Mと地震によって放出されるエネルギーの量E（エルグ）には式(2.7)のような関係がある。

4.4.3 津波の予測と防災対策

〔1〕 **津波の予測**　津波の予報は正確で迅速でなければならない。そのために，古い津波記録に対しては古文書で調べたり，津波堆積物を調べて正確な情報を得るための研究も続けられている。**表4.17**には津波予報と伝承の変遷をまとめた。

気象庁による予報が開始された1952年では，予報までに17分かかっていたものが，40年余りのうちに3分以内にまでに短縮されるようになっている。1952年の津波予報開始以来，津波予報は震源要素（地震の位置，深さ，マグニチュード）から，実験式や経験則に基づいて津波の発生・大きさを予測してきていた（津波予報図）。

1999（平成11）年春からは，津波の数値シミュレーション技術を駆使した「量的津波予報」に生まれ変わっている。スーパーコンピューターであらかじめ津波の数値計算をきめ細かく行い，この結果をデータベース化しておき，その中から地震発生時にいちばん適切なデータを検索して，津波の高さ，到達時刻を数値情報として提供するようになっている。量的津波予報では津波予報区を全国18区から，ほぼ都道府県単位とした66区に細分化してきめ細かい予報を可能としている。2006年10月から始まった緊急地震速報が津波予報に使用可能な場合は，最速で2分以内で津波予報が可能となる場合もあり，迅速化されている。

このように過去の津波データを根拠とし，また最新の数値計算結果による情報を考慮して予報がなされているわけである。その根拠となるデータとしての「地震の規模・深さと津波の発生率の関係」について，岡田・谷岡（1998）は，

4.4 津波災害

表 4.17 津波予報と伝承の変遷

⋮	口伝え
⋮	新聞
⋮	電報（1869～）
1890	電話（1890～）
⋮	明治三陸地震津波（1896年6月15日）
1900	
⋮	関東大震災（1923年9月1日）
⋮	ラジオ（1925（大正14）年3月から）
⋮	昭和三陸地震津波（1933年3月3日）
⋮	東南海地震津波（1944年12月7日）
⋮	南海地震津波（1946年12月21日）
1950	
⋮	津波予報開始（1952年（電話・電報によるデータ収集）手作業で予報まで17分
⋮	テレビ（NHK 1953（昭和28）年2月1日から）
⋮	チリ地震津波（1960年5月23日）
⋮	固定電話の普及（1960年～80年）
1980	コンピューターによるデータ収集の自動化（1980年）予報作業14分
⋮	日本海中部地震津波（1983年5月26日）
⋮	津波予報の自動化（1993年予報作業7分以内，1994年3分以内）
⋮	北海道南西沖地震津波（1993年7月12日）警報を5分で発表したが，それまでに奥尻島に10mを超える津波が来襲
⋮	携帯電話の普及（1993年3.2％→2003年94.4％）
⋮	津波数値予報（1999年から）
2000	
⋮	緊急地震速報の活用（2006年から）最速2分以内
⋮	テレビ電話

Iida（1963）以後の観測データをもとに再調査し，さらに断層パラメーターに関する経験式を用いて，地震の規模・深さから海底垂直変位量を計算するモデルを作り，観測されている津波の発生率と比較考察している。

日本周辺海域で発生した地震（内陸地震および本震直後の余震は除く）について，地震の規模・深さと津波の有無の関係を示したのが**図 4.22** である。黒丸は津波を伴った地震で，小丸が津波の規模階級 m＝1 以下，大丸が m＝2 以

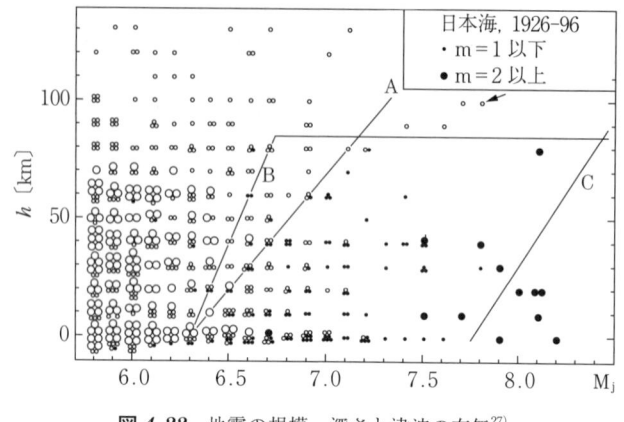

図 4.22 地震の規模・深さと津波の有無[27]

上を示す。白丸は津波なしで、小丸が1個、大丸が5個の地震を表している。矢印は釧路沖地震。図 4.22 から発生深さが 90 km 以上の地震に津波がないことや、気象庁マグニチュード M_j =6.2 以下では津波の発生率が非常に低いことがわかる。

〔2〕 **津波の防災対策**　災害対策基本法（1961年）の中では、国の防災会議が「防災基本計画」を策定し、それに則り都道府県や市町村が「地域防災計画」を策定することになっている。東日本大震災では災害対策本部を設け、被害情報の収集、状況把握、消防や警察と連携を取りながら被災者の救助・救出、避難所への誘導、水や食料、衣料・毛布などの生活物資の配布をしつつ、都道府県や隣接市町村への応援を求めるべきところを、市町村の庁舎や職員が被災してしまった例も多かった。

このようなとき、特に必要になるのは道路、通信、医療、食料、燃料、建設機械などであろうと考えられる。被害を最小限に食い止めるためには、このような必要な施策が国、関連機関との連携のもとにできる限り早く取られることが重要である。また非常時のために隣接市町村との支援体制が整っていた例や、外国を含めたボランティアの応援が効果的であり、被災者を勇気づけたと思われる。

津波対策には恒久的なものと応急的なものがある。恒久的なものには、高所

移転，防潮施設など，応急的なものには津波警報，避難訓練などがある。

防災施設としては，防潮堤，防潮水門，防潮林などがある。図 4.23 は田老町（現宮古市田老）のＸ字型防潮堤である。この防潮堤は水際に高い堤防を築き背後を守る構造になっている。図 4.24 は東北地方太平洋沖地震津波による被災前と後の写真である。津波はこの防潮堤を越えて大きな被害となった。

また水際でなく，港湾口に堤防を築き，津波を反射させて湾内の水位を低く

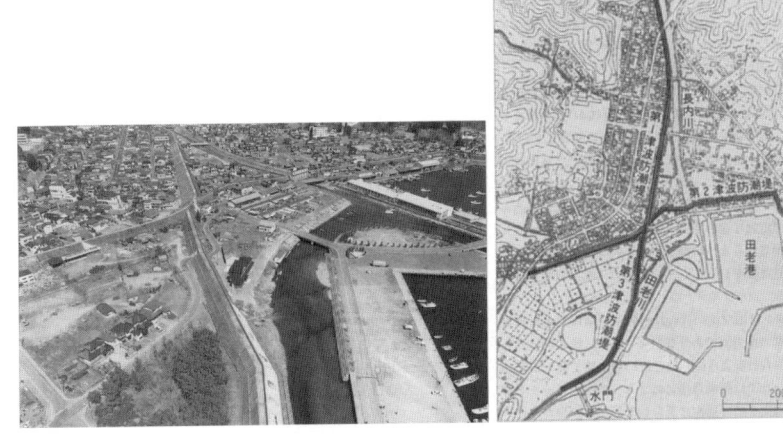

（a） Ｘ字型防潮堤　　　　　　　　　（b） 平面図

（c） 断面図

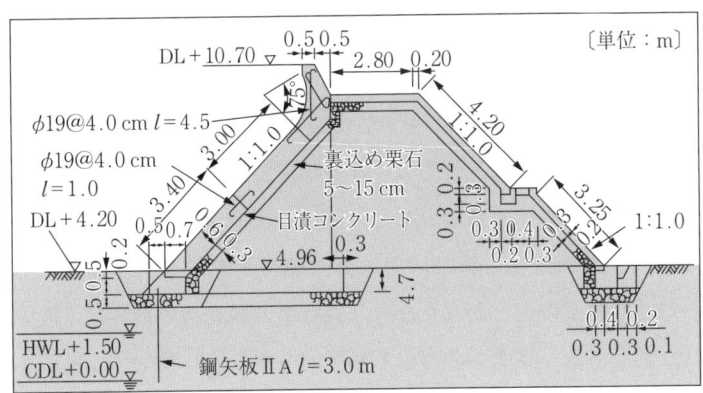

図 4.23　津波防潮堤（田老町）[28]

112   4. 海岸災害

被災前　　　　　　　　　　　　　被災後

図4.24　津波防潮堤（現宮古市田老）[29]

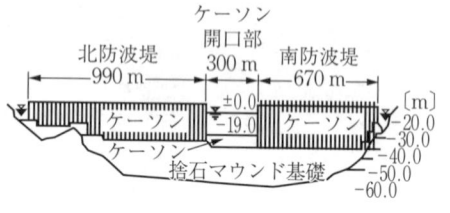

（a）平面図　　　　　　　　　（b）断面図

図4.25　釜石港津波防波堤[30]

抑えて津波被害を少なくする目的の構造物として，**図4.25**のような津波防波堤がある。**表4.18**には津波防波堤の例を示している。

　これらの多くの湾口防波堤は東北地方太平洋沖地震で被災した。堤防高さをより高くする場合，ほぼ同じにする場合などの計画で復旧が進んでいる。また防潮林は津波の進行速度を緩め，津波の勢いと到達時間を遅くする働きがある。防潮林のおかげで津波の進行が遅くなり，旅行中の観光バス乗客が津波被害から逃れられた例もある。高所への移転も効果的であり，地域全体で高所への移転をした例もある。

　地震を感じたら，まず落下物から身を守り，揺れが収まって「津波がくる」

4.4 津波災害

表 4.18 津波防波堤の例[30]

所在地(県名)	港湾名	防波堤名称	延長 [m]	設置水深 [m]	水域面積 [ha]	施工時期 [年]
岩手県	釜石港	湾口防波堤	北 900 南 670	$-10 \sim -60$	900	1970 ～ 2006
岩手県	久慈港	湾口防波堤	北 2 700 南 1 170	$-10 \sim -25$	1 200	1990 ～（2021）
岩手県	大船渡港	湾口防波堤	北 244 南 299	$-10 \sim -37$	700	1962 ～ 1976
高知県	須崎港	湾口防波堤	東 940 西 480	$-2 \sim -7$	290	1983 ～ 2006

と感じたなら，迅速に安全な避難場所に避難することが肝心である．2011 年 7 月の内閣府，消防庁，気象庁の面談調査では，揺れが収まってすぐに非難した「直後避難」は 57 %，何らかの用事を終えて避難した「用事後避難」は 31 %，用事をしている最中に津波が迫ってきたという「切迫避難」は 11 % であったという[31]．迅速な避難を忘れないで，避難する時間が少しでも多くあればあるほど防災対策上望ましいといえる．

　図 4.26 のように沖合の海底に津波観測計が設置されていれば，津波観測計からの信号をリアルタイムで受信し，津波が観測されれば警報を発令し，津波が海岸に到達するまでの間に避難ができる．最近では GPS を利用して沖合に観測システムを搭載したブイを設置して，常時津波を観測することができるようなシステムも開発されており，GPS 波浪計の津波データをリアルタイムで沿岸自治体の避難誘導者らの携帯電話にメール送信する「津波防災支援システ

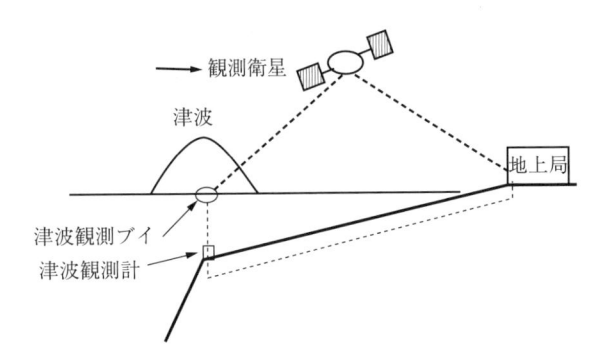

図 4.26 津波観測システムの例

ム」が東北地方太平洋沖地震で被災した宮古市，釜石市，大船渡市，気仙沼市などで運用され始めている。

東北沿岸の沖合20 kmに設置されているGPS波浪計が潮位変化（20 cm以上）を観測し，データ発信までに要した時間は63秒という短時間となっている。前述したようにGPS波浪計と沿岸波浪計が東北地方太平洋沖地震津波の第1波を観測した時間のずれは，久慈港で9分，仙台新港で32分であったこと[31]を考えると，この間に避難が可能となる。

また迅速に避難するため以下のような避難訓練も欠かせない。津波が来襲したときに人が安全に避難できるように，予報が早く出され，それが迅速に末端全部に伝達され，秩序だって避難開始されるような施設，体制づくりが重要である。そのためには，安全な避難施設の確保とハザードマップなどで危険な場所と安全な避難経路を住民に周知させることが必要である。

図 **4.27** は徳島県海陽町大砂海岸での津波警告板であり，来るべき南海・東南海地震津波に備えてのものである。現在地と避難場所の海抜高さ，避難路の明示，日本語・英語での表記があり，住民と観光客に対して普段からの避難意識の高揚を図る効果がある。図 **4.28** は，1960年のチリ地震津波の水位高さを示している大船渡市の掲揚板の例である。

三陸の女川駅には，1960年のチリ地震津波で水位が押し寄せてきた高さが駅の階段に水色でわかりやすく示されていた（図 **4.29**）が，大津波で流され

避難路の明示　　現在地と避難場所の海抜

図 **4.27**　大砂海岸（徳島県海陽町）の津波警告板

4.4 津波災害　　115

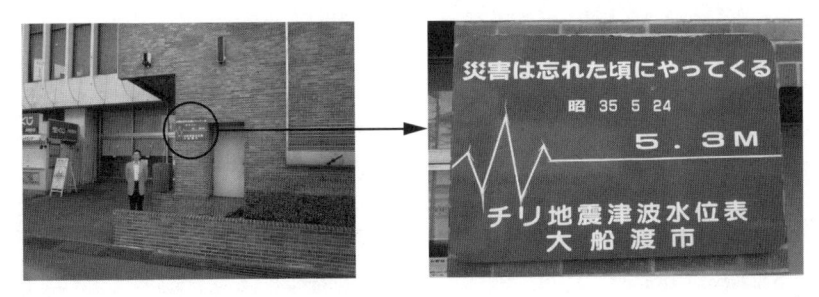

図 4.28　岩手県大船渡市の津波掲示看板（1960 年チリ地震津波の水位が示されている）

図 4.29　宮城県女川駅にあった津波掲示（1960 年チリ地震の津波の水位位置を水色でわかりやすく示している（矢印））

てしまった．この津波掲示は通勤通学時，電車に乗り降りするときに津波の怖さを訴えかける効果が大であった．東北地方太平洋沖地震の教訓を生かした津波警告板が検討されている．**図 4.30** は江ノ島海岸にある津波掲示板である．住民だけでなく観光客にも地震を感じたらまず津波の来襲を想定して高所へ避難するよう，日頃から意識させる効果がある．観光名所では，外国からの観光客にもわかりやすいピクトグラム（絵文字）を用いることも効果がある．

　海岸で地震を感じたら津波が襲ってくるかもしれないと判断し，高所へ直ちに避難することが肝要である．このために，現在の海面からの高さを認識し，高所への最短避難路，誘導が必要になる．上記の津波掲示板は効果があるが，さらに津波はいつ何時襲ってくるかわからないため，夜間でもはっきり認識できるような掲示（**図 4.31**），急傾斜地には階段などの設備（**図 4.31**）が必要になり，放送設備（**図 4.32**）も整っていなければならない．

　また，高所までにかなりの距離がある場合には，人工的に高所をつくる例

116   4. 海岸災害

図 4.30 江ノ島海岸の津波警告板

図 4.31 夜間でもはっきりわかる太陽電池を用いた掲示板と避難用階段

図 4.32 放送設備

（人工地盤）（**図 4.33**）や避難タワー（**図 4.34**）を建設する場合もある。津波災害から逃れるためには1秒を争って高所へ避難しなければならないが，避難タワーと避難階段設備（**図 4.35**）もその一例である。

1854（安政元）年に発生した安政南海地震の際に，大津波が紀州和歌山の海

(a) 人工地盤（下から見た場合）　　　(b) 人工地盤（上から見た場合）

図4.33 人工地盤（奥尻島青苗）

図4.34 避難タワー（三重県大紀町第2錦タワー）[32] 　　　図4.35 避難タワーと避難階段（徳島日和佐）

岸線を襲った。浜口梧陵は危険を察知し，たいまつで刈り取ったばかりの稲に火をつけ，村人にいち早く危険を知らせ避難させた。そのおかげでたくさんの住民の命を救ったという「稲村の火」の話は有名であり，いまでも津波防災の教訓として語り継がれている。

　津波の怖さを伝承する慰霊碑も各所にある。図4.36は北海道江差法華寺に残る伝承碑である。この碑からは1741年雄島大島の火山噴火による津波災害

のあったことがわかり，教訓となっている。図 4.37 は天神社（徳島県海陽町）に残る安政南海地震津波碑であり，大きな津波被害のあったことを伝えている。最近では碑文を新しく刻み直した石碑が同所に置かれており，現在の人でもはっきりと読み取ることができ，今後の教訓となっている。

図 4.36　江差法華寺にある 1741 年雄島大島噴火による津波の慰霊碑

図 4.37　天神社（徳島県海陽町）に残る安政南海地震津波の碑

4.5　海岸侵食と堆積災害

4.5.1　海岸侵食と堆積の実態

一口に海岸といってもさまざまな粒径の砂や礫，岩で形成されており，海岸勾配も一定ではなく，広く弓なりに続いた砂浜もあれば，巨大な岩石ばかりが転がっている海岸もある。普段は見えない海水中にもこれらの砂や礫などの底質が存在しており，波と流れの作用を受けながら移動を繰り返している。このように海浜は長い年月の間に自然の営力が作用して作られたものであり，われわれが現在眼にしている海岸はその中の一時期を見ているにすぎない。

しかし子供の頃には砂浜であった海岸線が，現在では消失してしまっているといった海岸侵食の例もあれば，逆に砂が堆積したという例もある。以上のように波や流れによって底質が移動する現象を漂砂という。

4.5 海岸侵食と堆積災害

　海岸侵食や堆積が海岸線の災害につながることがある。河口に土砂が堆積して河口閉塞になれば，河川に流れてくる流量を安全に海に流すことができなくなり，船舶の通行もできない。逆に，海岸侵食は海岸線が後退することにより生活基盤が失われる。つまり，考えている海岸線領域に流入する土砂量と流出する土砂量のバランスがとれていれば海岸線は安定して前進も後退もしないが，土砂の供給バランスがくずれると侵食になったり堆積になったりする。

　わが国の海岸線延長約 35 000 km のうち，侵食海岸は 1965 年には全長の 32 %であったのに対し，1985 年には 47%に，1996 年には 59%まで増加している。

　河川からの土砂供給で安定していた海浜が，治水・治山事業によって供給土砂量が減少することや，あるいは新たに水路を開削することにより供給土砂量が増加することなどにより土砂収支のバランスが崩れると，海岸侵食や堆積といった現象を生じることになる。港湾，漁港の整備，埋立て・干拓事業などによる沿岸漂砂の非連続や，深海への土砂流失，海蝕崖の崩壊防止による供給土砂量の減少，浚渫・砂利採取，地盤沈下などによっても土砂収支のバランスが崩れ海岸侵食になる。

　図 4.38 は新潟西海岸と背後地の状況である（平成 23 年）。新潟港へは信濃川が流出しており，昔から洪水による氾濫，信濃川の流出土砂による港湾埋没に悩まされてきた。治水対策としての大河津分水路の完成により寺泊へ土砂が一部流出することになり，また港湾埋没対策としての関屋分水路が完成し，流送土砂が減少することとなり，その結果侵食傾向となっている。

図 4.38　新潟西海岸[33]

120   4. 海 岸 災 害

図 4.39 は明治 44 年と昭和 60 年の海岸線を示しており，侵食されているのがわかる。現在新潟西海岸にはさまざまな侵食対策工法が施されている。

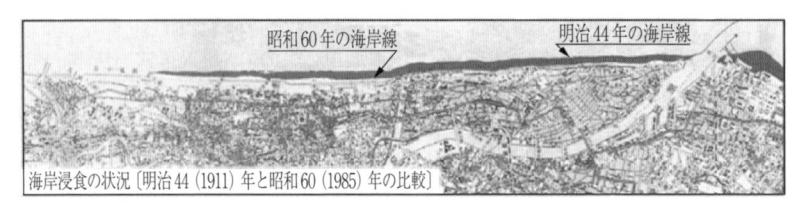

図 4.39　新潟西海岸の浸食状況[33]

図 4.40 は沿岸漂砂の連続性が阻止された侵食性の海岸例である。侵食は，底質が移動させられて供給される場合の量と放出される場合の量との間にバランスを欠くことにより生じる。漂砂には浮遊して運ばれる浮遊漂砂と底面に沿って運ばれる掃流漂砂とがある。したがって，漂砂現象を理解するためには底質を移動させる要因について知る必要がある。底質が移動するかしないかの限界を示すのが，移動限界水深である。移動限界水深がわかればそれより深い場所では砂の移動はないのであるから，考慮すべき範囲外となる。漂砂の移動は岸沖方向と沿岸方向成分に分けて考える。短期的には岸沖漂砂が，長期的には沿岸漂砂が重要になってくる。

図 4.40　伊師海岸（茨城県）[34]

一様な勾配の海岸に波が十分な期間作用すると，海浜縦断面形状がほぼ平衡状態になる。これを平衡断面形状といい，波の性質，底質の特性，初期の海底勾配によって決まることがわかっている。海浜の平衡断面形状はバー（沿岸砂

州）を有する暴風海浜，ステップ（段）を有する正常海浜に分けられる（**図 4.41**）．実験によれば，沿岸砂州の発生する条件は沖波波形勾配と底質の比重・粒径に関係することがわかっている（**図 4.42**）．

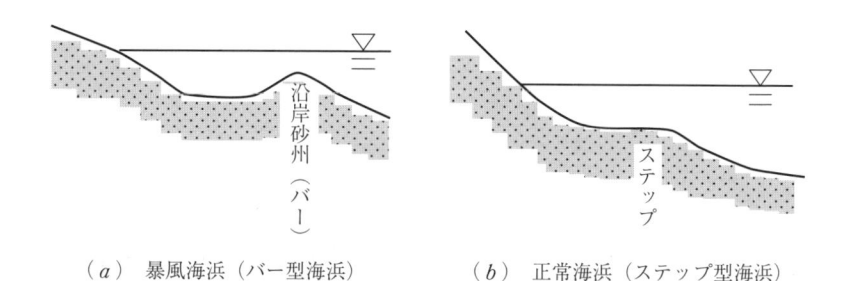

(*a*) 暴風海浜（バー型海浜）　　　　(*b*) 正常海浜（ステップ型海浜）

図 4.41　平衡断面形状（暴風海浜と正常海浜）

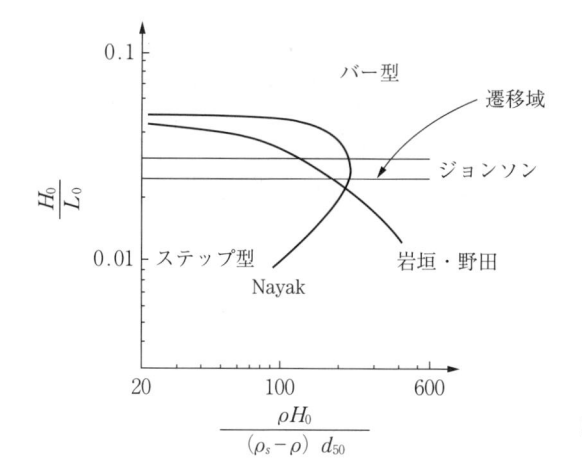

図 4.42　沿岸砂州の発生限界[35]

縦軸: $\dfrac{H_0}{L_0}$，横軸: $\dfrac{\rho H_0}{(\rho_s - \rho) d_{50}}$

海浜の代表的な平面形状には，砂嘴（sand spit），トンボロ（舌状砂州，tonmbolo），カスプ，ポケットビーチなどがある（**図 4.43**）．

江ノ島に代表されるように，島背後に砂が堆積して陸つながりになるようなトンボロ地形の例が**図 4.44** である．**図 4.45** は千葉県富津岬の砂嘴の例である．

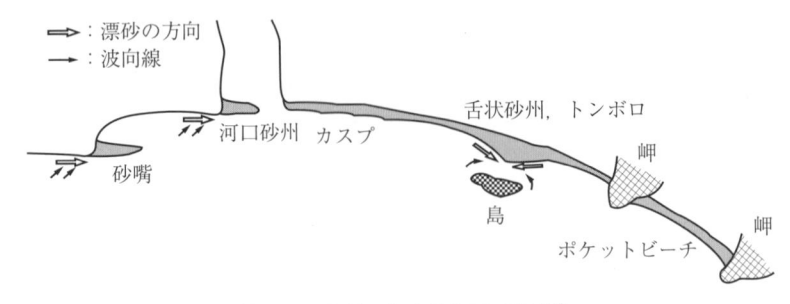

122　　4. 海岸災害

⇒：漂砂の方向
→：波向線

砂嘴　　河口砂州　カスプ　　島　舌状砂州, トンボロ　岬　ポケットビーチ　岬

図 4.43　海浜の代表的な平面形状[36]

図 4.44　江ノ島海岸（トンボロ地形） 　　**図 4.45**　千葉県富津岬（砂嘴）[37]

4.5.2　海岸侵食・堆積災害の対策工法

　海岸線近傍の流れによって底質（砂）の移動が起る．漂砂のバランスがとれていれば安定な海岸となるが，そうでなければ堆積性の海岸か侵食性の海岸となる．長期的に堆積，侵食が続けば海岸環境を守れなくなる．その侵食対策工法としてどのような工法が施されてきたかを示したのが，**表 4.19** である．
　以下は侵食性海岸や堆積性海岸に対する対策工法の例である．
〔1〕**突　堤　群**　　複数の突堤を築造して沿岸漂砂をとらえて海岸線の制御をする．
　鳥取県の皆生（かいけ）海岸は，なだらかな曲線美と白砂青松で有名な海岸である．侵食性の海岸であったので，**図 4.46** のように突堤群で沿岸漂砂を捕捉し侵食を

表4.19 わが国の侵食海岸とその対策工法の変遷[38]

年度	海岸保全区域指定済み延長〔km〕	堤防〔km〕	護岸〔km〕	突堤〔基〕	突堤〔km〕	離岸堤〔基〕	離岸堤〔km〕	海岸防護総延長〔km〕
1965	10 701	2 086	3 743	6 781	273	347	28	6 100
1985	15 958	2 836	5 806	9 630	387	3 732	347	9 008
1996	19 762	2 922	6 005	9 387	384	7 371	837	9 466

図4.46 突堤群による侵食対策効果（鳥取皆生海岸1968年6月）[39]

図4.47 鳥取皆生海岸（1972年12月）[39]

抑えていた。

〔2〕 **離 岸 堤**　皆生海岸では突堤群による侵食対策効果があった（図4.46）が，その後侵食が進んだため図4.47のように砂浜がほとんどなくなった。

そこで，海岸から離れた沖合いに構造物（離岸堤）を作り，砂の堆積を図りトンボロ地形を生じさせ，海岸侵食を防止して砂浜の復元に効果を上げている（図4.48）。これが離岸堤の目的である。

〔3〕 **人工リーフ**　自然リーフ上では水深が浅くなるため波は砕波しエネルギーを失い，波高が小さくなった波が海岸に打ち寄せることを参考にして人工的にリーフをつくり，そのうえで強制的に砕波させ波のエネルギーを弱め，波高を小さくさせて海浜の安定を図る目的でつくられるのが人工リーフである（図4.49）。図中の黒い四角い部分（矢印）が人工リーフである。

〔4〕 **ヘッドランド工法**　天然の岬に囲まれたポケットビーチが安定し

図 4.48 離岸堤（鳥取皆生海岸）[40]

図 4.49 人工リーフ（新潟海岸 1988年8月）[41]

ているのに着目し，侵食対策工法として考えられたものである．人工的に二つの岬をつくると，岬の先端には屈折現象により波が集中するようになり，岬と岬の間には波のエネルギーが集まらなくなり，波が弱められ海浜が安定させられることを利用している（図 4.50）．

図 4.50 ヘッドランド工法（大野鹿島海岸 茨城県，1992年）[42]

〔5〕 **養浜工法** 砂を補給して侵食を防止しようとする工法である（図 4.51，図 4.52）．

〔6〕 **サンドバイパス工法とサンドリサイクル工法** 防波堤や河口導流堤などをつくると，漂砂の上手側で砂が堆積し，底質の連続性を遮断することになり，下手側では侵食性海岸になる場合がある．このような場合に，上手側の砂を浚渫し下手側へ運搬する方法がサンドバイパス工法である．以下の例は

4.5 海岸侵食と堆積災害

図 4.51 養浜例（兵庫東播海岸，1988 年）[43]

図 4.52 養浜例（兵庫須磨海岸，1992 年）[44]

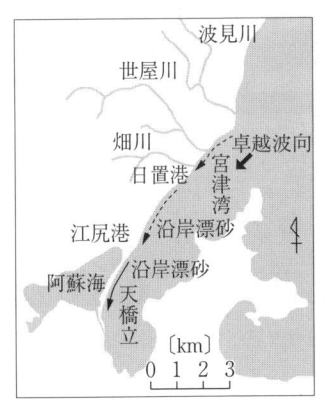

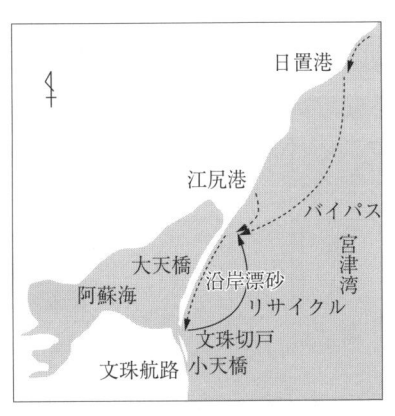

図 4.53 天橋立のサンドバイパス工法とサンドリサイクル工法[45]

天の橋立の例であり，江尻港や日置港で遮断された砂をサンドバイパス工法で天の橋立の上手側まで運搬し，それより下手側への砂の供給源とし，下手側まで運ばれた砂を上手側まで運搬して再利用する工法（サンドリサイクル工法）を併用している（**図 4.53**，**図 4.54**）。

〔7〕**河口導流堤** 河口に近づき川幅が広くなると流速が遅くなり，上流からの砂が堆積しやすくなる。河口での砂の堆積は，洪水流量を流すことができなくなることや船の航行を妨げるなど支障をきたす。そこで**図 4.55**，**図 4.56**のように導流堤を設けて流速が急激に低下しないようにし，砂が河口付

126   4. 海岸災害

(a) 1979年   (b) 1990年

図 4.54 サンドバイパス工法（天の橋立）[46]

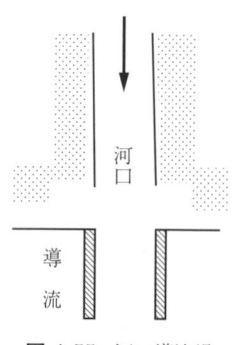

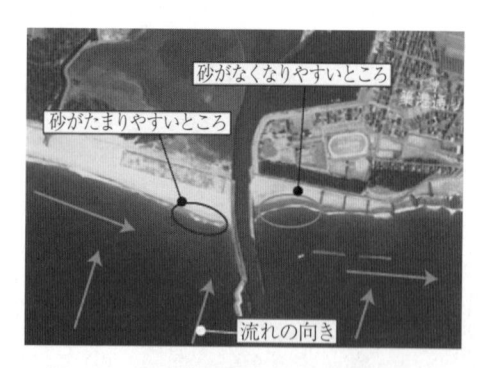

図 4.55 河口導流堤   図 4.56 河口導流堤（仙台湾（鳥の海））[47]

近で堆積させずに十分沖合いまで運ばせるように導くのが，河口導流堤である。この場合，河口導流堤の海岸漂砂上手側では堆積しやすくなり，下手側で侵食性になることにも注意が必要となる。

4.6 地球温暖化による海面上昇

4.6.1 地球温暖化による海面上昇の実態

2009年2月の環境省地球環境局から出された「地球温暖化の影響・適応情報資料集」によれば，図 4.57 に示されているように世界平均気温は1906年から2005年までの100年間に 0.74℃ 上昇している。それとともに世界平均海

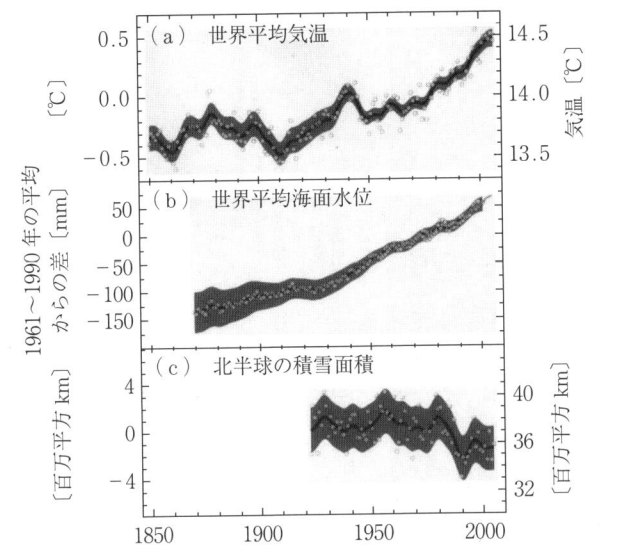

図 4.57 世界平均気温と世界平均海面水位の変化[48]

面水位は 17 cm 上昇している。これは温度上昇による海水の熱膨張とともに、極地の氷が解けることなどが影響している。

4.6.2 地球温暖化による海面上昇の予測

「気候変動に関する政府間パネル」(IPCC：Intergovernmental Panel on Climate Change) は，1988 年に世界気象機関 (WMO) と国連環境計画 (UNEP) により設立された。いままで 1990 年に第 1 次報告書，1995 年に第 2 次報告書，2001 年に第 3 次報告書，2007 年に第 4 次報告書が発表されている。第 4 次報告書によれば 2100 年までに海面水位は 18 〜 59 cm 上昇すると予測されている（第 3 次報告書によれば 9 〜 88 cm であった）。

図 4.58 は，IPCC が作成した SRES（排出に関する特別報告）に示された，今後の世界平均気温と世界平均海面水位の変化予想図である。さまざまな想定がなされており，21 世紀末までに世界平均気温は 1.8 〜 4.0℃，世界平均海面水位は 18 〜 59 cm 上昇すると予想されている。

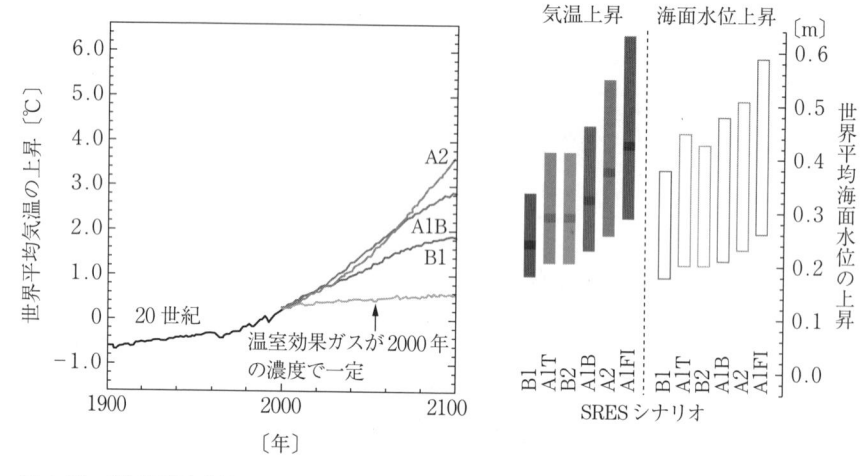

図 4.58　世界平均気温と世界平均海面水位の上昇予測（1980〜1999年の値に対する変化量）[50]

4.6.3　地球温暖化による海面上昇への対策

海面が長期的に上昇すれば，水深が増大して，① 流れが変化する，② 砕波位置が変化する，③ 浮力が増大する，④ 波力が増大するなどにより海岸構造物に影響を与えることになる。また海面が上昇するということは，汀線が後退して陸地が減少することになる。他にも地下水位の上昇や生態系への影響などにもつながる。

具体的には港湾の構造物（防波堤，岸壁など）の天端高さの不足につながり，越波量が増大し，浸水が心配され，現在ある排水機場などの排水能力も不足し災害時に対応しきれなくなる。また浮力が増大するということは相対的に重量が減少することであり，安定重量不足にもつながる。

以上のように，天端高さを高くする，越波対策を施し排水能力を高くする，安定重量を重くするなどの対策が考えられるが，海面上昇量を低く抑えられればその分対策も少なくてすむことになる。継続して海面上昇量を低く抑える努力が必要である。

演 習 問 題

【1】 津波の原因にはどのような場合があるか述べよ。

【2】 一様な勾配の海岸に波が十分な期間作用すると平衡断面形状となる。現象に関係する物理量としては，底質（砂）の平均粒径 d_{50}，沖波波高 H_0，沖波波長 L_0，勾配 i，底質密度 ρ_s，海水密度 ρ_w がある。規則波を長期間作用させたとき，どのような平衡断面形状になるかを調べる模型実験をしたい。

　模型縮尺を $S(=L_m/L_p)$ として実験計画を立てる際，底質に使用する砂の粒径 d_{50} を決め，一様な勾配 i に砂を敷き均し，水深 h を変化させ，周期 T，波高 H_0，波長 L_0 の波を発生させる。さらに，d_{50}，ρ_s を変化させ，i を変化させて数多くの実験を繰り返さねばならない。どのように実験を進めていくべきかを考えよ。L_p とは実物（原型）長さ，L_m とは模型長さを表す。

【3】 グリーンの法則式 (4.6) を誘導せよ。

【4】 波が作用するとき，底質（砂）が移動し始めるときの水深を移動限界水深という。波高 1.7 m，周期 5 秒の波が平均粒径 0.12 mm の砂からなる海浜に入射しているときの完全移動限界水深 h_i を求めよ。ただし，完全移動限界水深 h_i を与える式は以下のとおりである。H_o は沖波波高，L_o は沖波波長である。

$$K_S = \left\{ \left(1 + \frac{2\dfrac{2\pi h}{L}}{\sinh\left(2\dfrac{2\pi h}{L}\right)}\right) \tanh\left(\dfrac{2\pi h}{L}\right) \right\}^{-\frac{1}{2}}$$

$$\sinh\left(\dfrac{2\pi h_i}{L}\right) = \dfrac{\dfrac{H_o}{L_o}}{2.4\left(\dfrac{d}{L_o}\right)^{\frac{1}{3}}\dfrac{H}{H_o}} = \dfrac{\dfrac{H_o}{L_o}}{2.4\left(\dfrac{d}{L_o}\right)^{\frac{1}{3}} K_S}$$

【5】 津波予報は現在までにどのように改善されてきたか述べよ。

【6】 問図 4.1 のような津波観測計が設置されている。海底勾配は 1/250 で一定とし，観測計が設置されている水深を 200 m とする。この津波観測計で 0 時 00 分 00 秒に津波が観測された。海岸線に津波が到達する時刻を求めよ。

130   4. 海岸災害

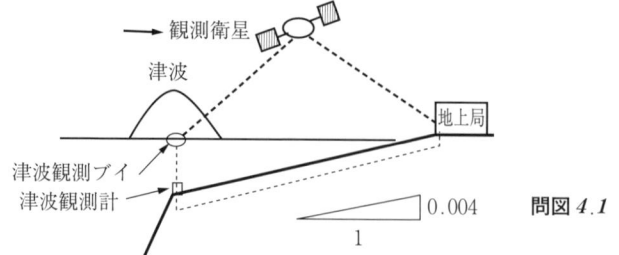

問図 4.1 津波観測システムの例

【7】 法面勾配が1:2の捨石堤において，波高3.0mの波が来襲するときの安定質量を求めよ。$K_D=4$, $w_r/w_o=2.6$とする。

【8】 問図 4.2 のような河口港があり，航路が設けられ，捨石堤防が設置されている。図の矢印からの波浪による沿岸漂砂に対し，サンドトラップを設置して漂砂制御しようと計画している。サンドトラップとして
　　A：航路の横の捨石堤防の一部の天端を平均海面の高さまで低くし，サンドトラップへ漂砂を取り入れ，定期的に浚渫しようとする案
　　B：導流堤の上手側に離岸堤を設け，その背後にサンドトラップを設置して漂砂制御し，定期的に浚渫をする案
　の2案があるが，これらの案に対してそれぞれの長所，短所を挙げて説明せよ。

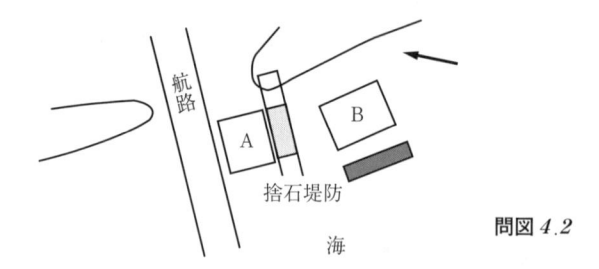

問図 4.2

【9】 津波マグニチュードmとはどのような指標かを，地震マグニチュードMと対比して説明せよ。

【10】 高潮について答えよ。
　　（1） 日本において高潮のおもな原因は何か述べよ。
　　（2） 高潮の被害が大きくなるのはどのような条件が重なった場合か説明せよ。

【11】 以下の英文を読んで答えよ。

　　Please stay tuned for the emergency broadcast in English. This is an emergency warning about tsunamis. The Meteorological Agency has announced that tsunamis are expected to strike in the following areas, the eastern part of the Pacific Coast of Hokkaido, the central part of the Pacific Coast of Hokkaido. In the areas mentioned tsunamis are expected to strike. The waves would be up to 2 m high in some areas. Everyone near the coast must evacuate to higher ground. Please follow the instructions of police and fire officials.

　　（1）下線部を和訳せよ。
　　（2）下線部の higher は比較級である。何に比べて higher ground なのか述べよ。

【12】 海岸侵食の原因にはどのようなことが考えられるか説明せよ。

【13】 図 4.22 の地震マグニチュード M と震源深さ h と津波発生の関係図に，東北地方太平洋沖地震津波の場合をプロットせよ。

【14】 問図 4.3 の津波マグニチュード m と地震マグニチュード M の関係図に，表 4.9 ～ 表 4.15 の m, M のデータをプロットせよ。

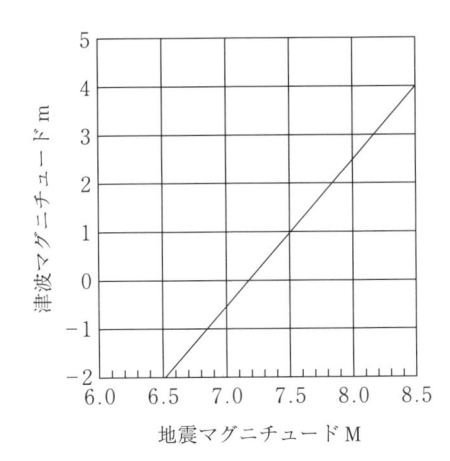

直線は $m = 3.03 M - 21.73$

問図 4.3

【15】 津波防災看板はどのような看板が適切であるか述べよ。

5

地 盤 災 害

　地盤災害を大別すると，低平地における粘性土地盤の沈下と地震時に発生する砂質地盤の液状化，山地の斜面災害である。本章では，これらの災害のメカニズムを理解するうえで不可欠な地質学および土質力学の基礎について触れ，地盤の調査方法を概説する。そして，地盤災害を地盤沈下・液状化・斜面災害に分けて，その原因・メカニズム・実態および主たる対策工について説明する。

　特に地盤災害への対策を考えるうえでは
　① 災害発生のメカニズムを理解して，適切な対策を施し，災害につながる現象そのものを防止する方法
　② 現象の発生を前提とし，災害を未然に防ぐ方法
の二つに分類できることを念頭におくとよい。

5.1 地質学の基礎（地盤の生成）

　地球誕生後，岩石で覆われていた地球表面は長い年月の間に自然の作用によって細粒化されて土になり，この土もまた堆積を重ねて長い年月の間には続成作用と称される物理的化学的作用により，しだいに固結化して岩石になる。このように非常に長い年月でみれば，岩石と土は循環している。したがって，岩石には地球内部のマグマが上昇して冷却されて固結した火成岩のほかに，地表にある岩石が**図5.1**のように風化→侵食→運搬→堆積し，これが長い年月をかけて固結して生じた堆積岩，この堆積岩や火成岩が地殻の変動による高い圧力や，マグマの貫入による高熱の作用により岩石組織が変化してできた変成岩がある。

5.1 地質学の基礎（地盤の生成）

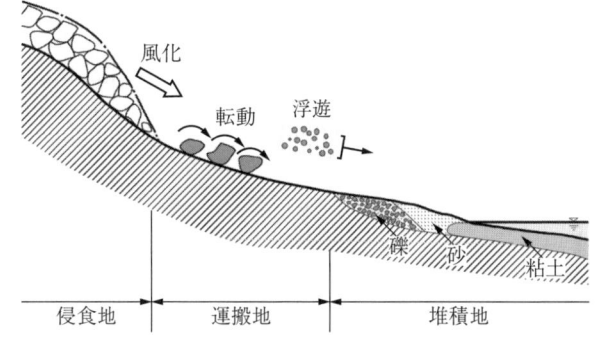

図 5.1 流水による土の分級作用

　岩石が破砕作用や分解作用を受けてしだいに細粒化し，土が生成される。この作用が風化作用であり，温度変化や岩石の隙間の水の凍結・融解の繰返しによる物理的風化作用，酸化・還元や加水分解作用，溶解作用などの化学的風化作用，および植物による分解過程などの生物的要因による風化作用に大別される。このような風化作用だけでは，生産された土は原位置にとどまっているが，急斜面では重力により転落するし，水などの作用によって移動する。または，多量の水を含むと地すべりなどにより広範囲にわたって移動する。

　図 5.1 に示す運搬，堆積の過程では海面高さが重要である。例えば図 5.2 は伊勢湾周辺地域における氷河性海面変動曲線を示したものであり，第四紀（約 258 万年前〜現在）には氷河期と間氷期を何度も繰り返し，現在は最終氷期（約 7 万年前〜 1 万年前）が終了してから約 1 万年が経っている。第四紀のうち，この最終氷期より前が更新世（洪積世），それ以後から現在までが完新世（沖積世）であり，この時代に堆積した土層がそれぞれ洪積層，沖積層である。

　図 5.2 にもみられるように，氷河期には水が凍って海水面は下がり，一方，温暖な間氷期には海水面は上がるので，この海面の変動によって海岸線が沖合へ遠のく海退，逆に陸地側へ海が入り込んでくる海進が生じる。

　任意の一地点を考えると，海進では図 5.3（a）に示すように，海岸線からの距離が長くなるので，水中を浮遊してその地点まで運ばれる土粒子はより微細なものになる。海退では，この逆にその地点に堆積する土粒子はより粗粒な

5. 地盤災害

海面レベルと堆積物質との関係

- 当時の海岸線に近い-100〜-70m付近で礫層が堆積
- 海面の低い時期には砂礫層が堆積
- 海面の低下とともに砂層が堆積
- 海面の高い時期には海成粘土層が堆積

最終氷期

完新世（沖積世）／更新世（洪積世）

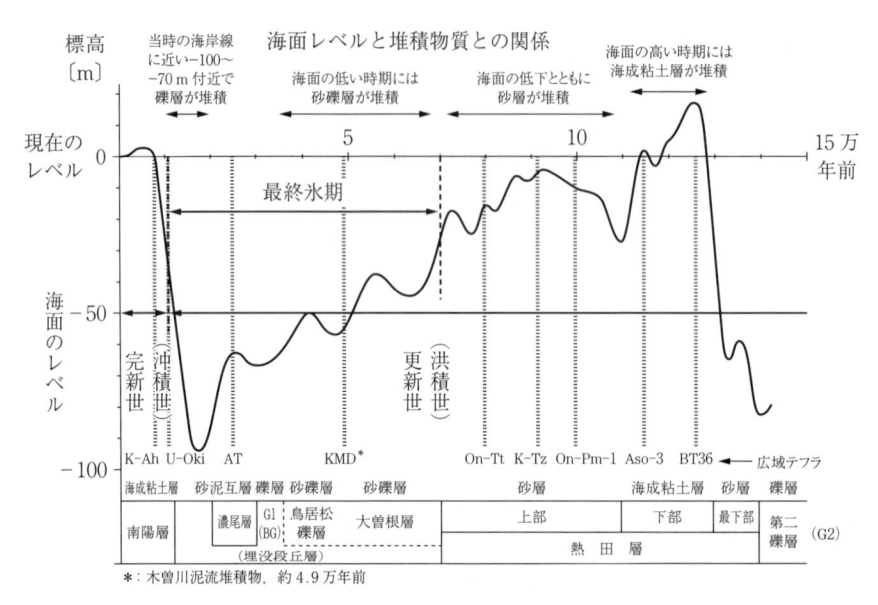

K-Ah U-Oki AT   KMD*   On-Tt K-Tz On-Pm-1 Aso-3 BT36 ← 広域テフラ

海成粘土層	砂泥互層	礫層	砂礫層	砂礫層	砂層	海成粘土層	砂層	礫層
南陽層	濃尾層	G1(BG)	鳥居松礫層（埋没段丘層）	大曽根層	上部	下部	最下部	第二礫層 (G2)
					熱田層			

＊：木曽川泥流堆積物，約4.9万年前

図5.2 伊勢湾周辺地域における氷河性海面変動曲線（一部加筆）[1]

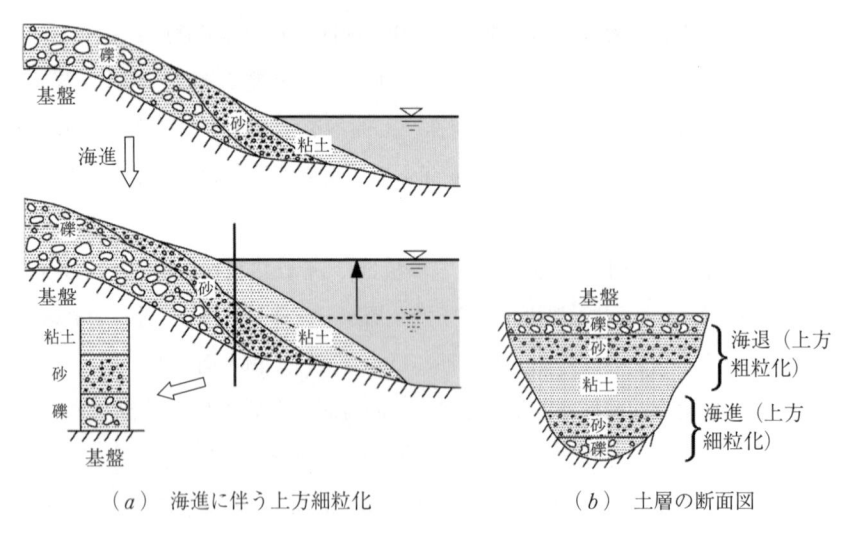

(a) 海進に伴う上方細粒化

(b) 土層の断面図

海退（上方粗粒化）
海進（上方細粒化）

図5.3 海進・海退に伴う土層の生成

ものになる。このように，ある地点では一般に海進に伴って上方細粒化が，海退に伴って上方粗粒化が起こるので，この繰り返しでできた土層は図(b)のように，粘性土層と砂質土層の互層になる。低平地の代表が沖積層であり，地下水面が高く，その汲上げによって粘土層が圧密沈下を生じるなど工学上問題が多い地盤である。

5.2 土質力学の基礎（有効応力）

地盤はさまざまな土から構成されており，この土は固体（土粒子），液体（水）および気体（空気）の三相混合体であるために，その挙動が複雑化している。

地盤の災害は，圧縮による沈下とせん断による破壊に大きく分類でき，いずれも粒子から粒子へ直接伝達される応力，すなわち土粒子骨格に有効に働く有効応力に大きく関わっている。ここでは，5.4〜5.6節で説明する災害のメカニズムを明確にするために，有効応力および破壊規準について概説する。

地中のある点に働く応力は，自重による土かぶり圧，水の流れによる浸透圧，地盤上につくられた盛土などの上載荷重が地中に伝達されて働く応力などがある。詳細は土質工学の専門書2）に譲り，ここでは地盤災害に関わりの深い自重による土かぶり圧について簡単に説明する。

地中のある点に作用する鉛直応力は土の自重と水圧であり，これが全応力 σ

(a) 地下水位低下前　　　　　　(b) 地下水位低下後

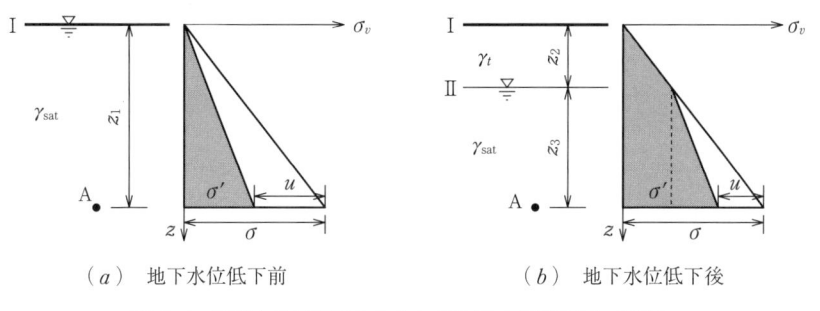

図 5.4　地下水位低下による土かぶり圧（有効応力）の増大

である。例えば，地下水面が地表面にある**図5.4**（a）の点A（深さz_1）には，

$$\sigma = \gamma_{\mathrm{sat}} z_1 \tag{5.1}$$

の全応力が作用している。ここに，γ_{sat}は土の飽和単位体積重量である。また，間隙に働く静水圧，すなわち間隙水圧uは

$$u = \gamma_w z_1 \tag{5.2}$$

である。ここに，γ_wは水の単位体積重量である。

　土の圧縮やせん断強さに直接関与するのは，式(5.3)のようにこの全応力と間隙水圧の差で表される土粒子骨格に作用する有効応力σ'であり，土かぶり圧ともよばれる。

$$\text{有効応力 } \sigma' = \sigma - u \tag{5.3}$$

　図（a）では網かけの部分が有効応力を示している。図（b）のように水面がIからIIまで低下したときには，点Aの全応力σ，間隙水圧uは

$$\sigma = \gamma_t z_2 + \gamma_{\mathrm{sat}} z_3 \tag{5.4}$$

$$u = \gamma_w z_3 \tag{5.5}$$

である。ここにγ_tは，土の湿潤単位体積重量であり，水面が低下すると一般に飽和度が低下するので，$\gamma_t \leqq \gamma_{\mathrm{sat}}$である。

　普通の地盤の単位体積重量として，$\gamma_{\mathrm{sat}} = 20.0 \, \mathrm{kN/m^3}$，$\gamma_t = 18.0 \, \mathrm{kN/m^3}$，$\gamma_w = 9.8 \, \mathrm{kN/m^3}$とすると，図（$a$）の点Aの有効応力は

$$\sigma_a' = 20.0 z_1 - 9.8 z_1 = 10.2 z_1 = 10.2 (z_2 + z_3) \; [\mathrm{kN/m^2}]$$

である。一方，図（b）の点Aの有効応力は

$$\sigma_b' = 18.0 z_2 + 20.0 z_3 - 9.8 z_3 = 18.0 z_2 - 10.2 z_3 \; [\mathrm{kN/m^2}]$$

であり，$\sigma_b' - \sigma_a' = 7.8 z_2 \, [\mathrm{kN/m^2}]$となる。すなわち，地下水面の低下により有効土かぶり圧は増加している。これが，5.4節で後述する地盤沈下と大きな関わりをもっている。

　一般に土の破壊に対して用いられるのがモール・クーロンの破壊規準であり，強度定数（粘着力c，内部摩擦角ϕ）を用いてせん断強さτは，次式のように表される。

$$\tau = c + \sigma \tan \phi \tag{5.6}$$

また，有効応力表示ではそれぞれ有効応力表示の強度定数 c', ϕ' を用いて

$$\tau = c' + \sigma' \tan \phi' = c' + (\sigma - u) \tan \phi' \tag{5.7}$$

と表される。この土かぶり圧 σ' は上述した地下水位の増減，または地震時の繰返し荷重などによる過剰間隙水圧の増加により変化する。融雪時の地下水位の増加や地震時の間隙水圧 u の増加に伴うせん断強さ τ の減少は，5.6.1項で後述する地すべりを発生させる。

また，砂地盤では粘着力が $c=0$ であるため，せん断強さ τ は

$$\tau = \sigma \tan \phi \tag{5.8}$$

$$\tau = \sigma' \tan \phi' = (\sigma - u) \tan \phi' \tag{5.9}$$

となり，地下水面下の砂地盤の間隙水圧が地震時の繰返し荷重などにより増加し，式 (5.9) の σ が u と一致，すなわち $\sigma = u$ となると，内部摩擦角 ϕ' がいくら大きな値をもっていても $\tau = 0$ となり，この砂地盤は完全にせん断強さを失うことになる。これが飽和砂地盤の地震時の液状化であり，5.5節で後述する。

5.3 地盤調査と土質試験

　地盤沈下や地すべりなどの地盤災害に関連する調査は，一般の建設工事に関連する調査となんら変わりはなく，資料調査，踏査，ボーリング調査，サンプリング・室内土質試験，物理検層・探査，原位置試験などのすべてを含んでいる。特に，既往調査結果，地形図，地質図などの資料調査や地形，地質を把握するための地表地質踏査は有用である。これらの詳細な解説は文献3)，4) に譲り，ここでは特に関係の深い地盤調査，土質試験を簡単に紹介するのにとどめる。

　原位置における地盤調査では，主としてロッド先端に取り付けた抵抗体を地中に挿入して，貫入，回転，引抜きなどを行うときの抵抗値から，原位置の土層の状態や土の強さなどを推定するサウンディングと地下水調査が行われる。わが国のサウンディングでは標準貫入試験，オランダ式二重管コーン貫入試験，スウェーデン式サウンディング試験など，地下水調査では地下水位測定

(間隙水圧の測定を含む），現場透水試験，揚水試験などがよく行われる。また，沈下量や移動量などの地盤変位も継続的に測定される。

土の観察や室内土質試験用の試料を採取するためにサンプリングが行われ，この試料を用いた室内土質試験では，粒度試験やコンシステンシー限界試験などの物理的試験，さらには地盤の強さや変形特性を調べるせん断試験，透水性を調べる透水試験，圧縮性を調べる圧密試験などの力学的試験が行われる。また，地球規模の環境問題が重要な課題になっていることから，従来から行われているpH試験や強熱減量試験のほかにも，地盤環境の汚染に関わる種々の化学的試験が行われるようになってきている。

最近では，コンピューター処理能力や探査技術・精度が向上しており，新たな地盤探査技術として，人工衛星の写真画像などを利用したリモートセンシング，電磁波を利用した地中レーダー法などのジオトモグラフィーなど，不可視情報を画像処理技術により画像化して，防災にも積極的に応用されている。

5.4 地 盤 沈 下

5.4.1 地盤沈下のメカニズムと実態

地盤沈下は，自然現象によるものと人為的なものに分けられる。また，沈下の継続時間でみると，圧密現象や緩慢な地殻変動など長期にわたるものと，地震による断層や振動による沈下など突発的なものに分類できる。

ここでは，まず自然現象と人為的地盤沈下の要因をおのおのについて列挙する。特に，その中でメカニズムを理解すれば，防災工学上対策の立てやすい圧密沈下について詳述する。

1）自然現象による地盤沈下のおもな要因
① 地殻変動
② 沖積層（一部洪積層）の自然圧密
③ 地震による振動，断層，液状化など
④ 火山噴火

2) 人為的な地盤沈下のおもな要因

① 帯水層からの地下水（上水道用水，工業用水，農業用水，消雪パイプ用水など）の汲上げによる圧密
② 地下水に溶存する天然ガスなどの採取による圧密
③ 構造物，盛土などの上載荷重による即時沈下および圧密
④ 地下構造物（地下鉄，地下街，下水道，共同溝など）の建設工事に伴う地下水の排水
⑤ 建設工事や交通などの振動

これらのうちの圧密沈下は，1）②の自然圧密を除けば，いずれも人為的な要因によるものである。これは，上水道用水，工業用水などの地下水の汲上げや建設工事に伴う排水などによる土かぶり圧の増加（**図5.4**参照），あるいは構造物などによる上載荷重の増加であり，いずれも有効応力の増加に起因するもので，沈下のメカニズムはまったく同じである。

すなわち，土かぶり圧や上載荷重の増加分だけ飽和粘性土中に過剰間隙水圧が発生し，時間の経過とともにこの水圧が消散し，これに伴う排水により間隙比が減少して沈下が生じる。特に，昭和42年の公害対策基本法では地盤沈下が公害の一つに制定されたが，過剰な地下水の汲上げによる圧密に伴う広域的な地盤沈下が対象である。

例えば，地下水位が回復して有効応力が沈下前と等しくなったとしても，土骨格は弾性的ではないので，一度沈下した地盤はせいぜい沈下量の10％程度しか膨潤上昇しない。したがって，地盤沈下は構造物などに直接的な被害が生じなくても，沈下すること自体が災害であり，特に土地が海水面以下となるゼロメートル地帯が生じるまでに沈下が進めば，内水排除のためのポンプ場，高潮の災害を防ぐ防潮堤など，数多くの設備が必要となる。わが国のおもなゼロメートル地帯の概略面積[5]は，濃尾平野 $400\,km^2$，佐賀平野 $207\,km^2$，新潟平野 $142\,km^2$ 以上，東京下町低地 $70\,km^2$，大阪平野 $55\,km^2$ である。

図5.5は濃尾平野に設置されている地盤標高の表示板の例であるが，高潮・津波・洪水や地震災害など潜在的に災害の危険性が高い環境にあることは，容

図5.5 濃尾平野（桑名市，旧長島町役場）に設置されている地盤標高の表示板（表示板最下部が海抜0m，最上部は伊勢湾台風時の水位）

易に想像できよう。

　現在の全国の地盤沈下地域は**図5.6**[6)]に示すように37都道府県にも及び，多くの地方公共団体では条例などに基づいて地下水採取の規制を行っている（**図5.7**[6)]）。ここで，わが国最大のゼロメートル地帯が展開している濃尾平野の地盤沈下問題への取組みについて簡単に紹介する。

　濃尾平野の沈下が人々の注目を集めて議論されるようになったのは，昭和34年9月の伊勢湾台風による高潮災害時に伊勢湾臨海域が長期間にわたって浸水を被ってからであり，広域の地盤沈下の存在が認識され，水準測量が繰り返し実施されるようになった。

　図5.5の最上部表示板は伊勢湾台風時の水位（T.P.+3.90 m）であり，小学生の身長と比べても被害の大きさが推察される。その後，昭和48年8月には愛知・岐阜・三重の三県による東海三県地盤沈下調査会が発足し，沈下の実態と原因が調査究明され，これが地方自治体が行う地下水揚水規制の計画や沈下対策などへ果たした役割はきわめて大きい。

　図5.8[7)]は，濃尾平野南部臨海域における水準点の地盤沈下量と地下水揚水量の経年変動図であり，1891年の濃尾地震，1944年の東南海地震による地殻変動分を除いても，沈下量が100 cmに達する地点もある。しかし，公害防止条例による地下水揚水規制の実施や地下水使用の合理化による節水などの対策

5.4 地盤沈下

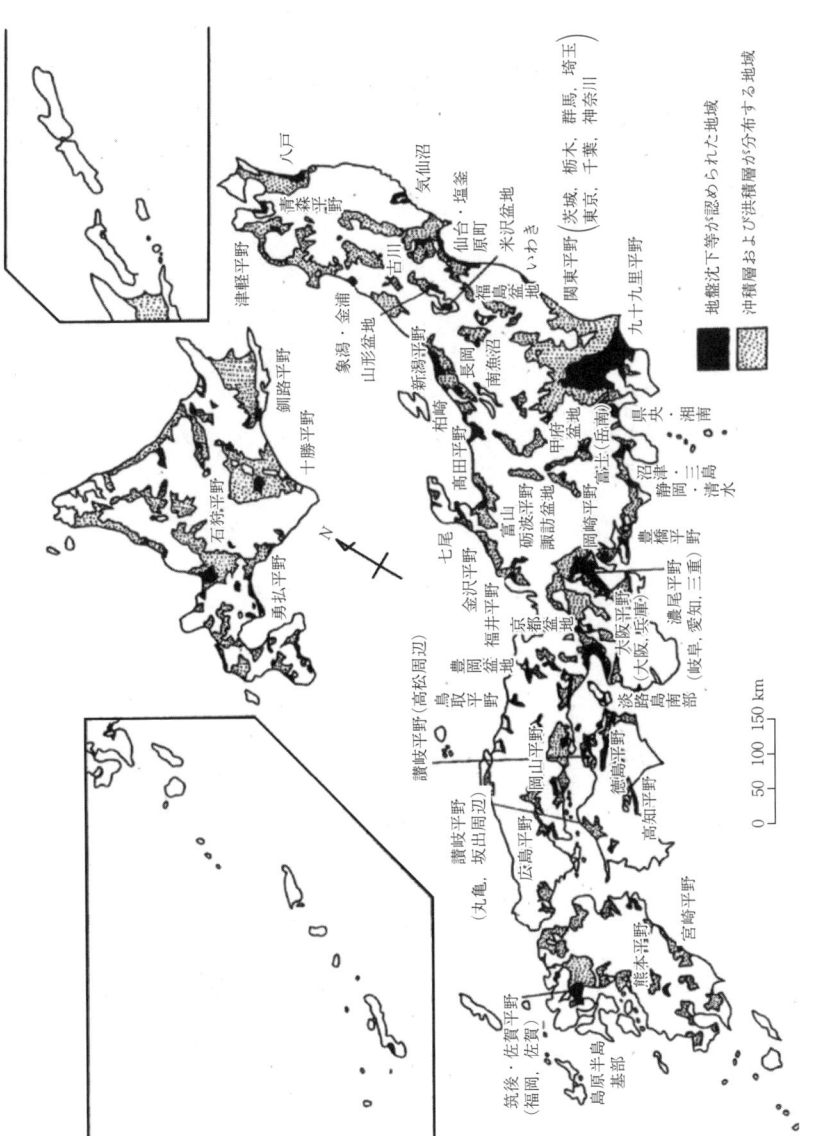

図 5.6 全国の地盤沈下地域[6]

142　5. 地盤災害

地下水採取の規制状況

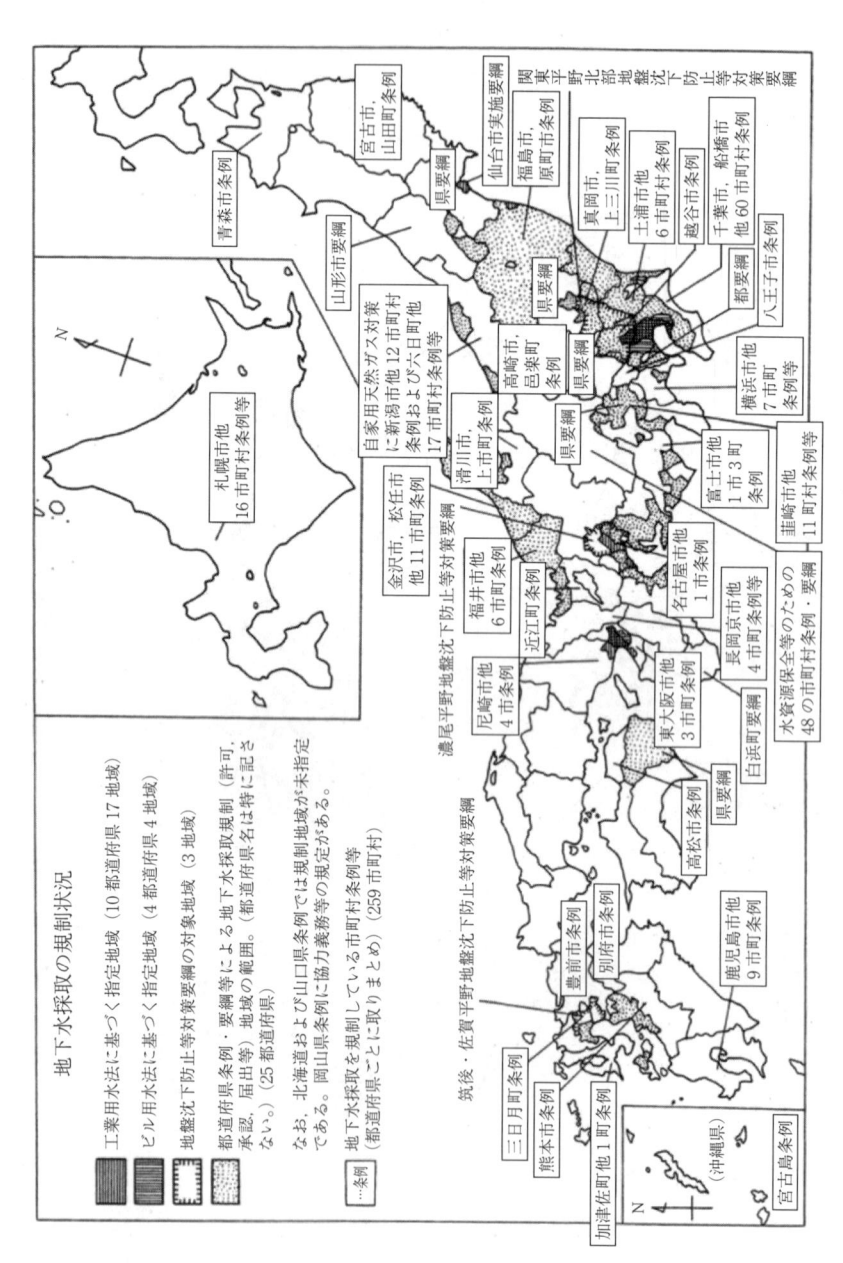

- 工業用水法に基づく指定地域（10都道府県17地域）
- ビル用水法に基づく指定地域（4都道府県4地域）
- 地盤沈下防止等対策要綱の対象地域（3地域）
- 都道府県条例・要綱等による地下水採取規制（許可，承認，届出等）地域の範囲。（都道府県名は特に記さない）。（25都道府県）

なお，北海道および山口県条例では規制地域が未指定である。岡山県条例に協力義務等の規定がある。

…条例　地下水採取を規制している市町村条例等（都道府県ごとに取りまとめ）（259市町村）

（地図上のラベル）
- 札幌市他 16市町村条例等
- 青森県条例
- 山形県要綱
- 宮古市，山田町条例
- 県要綱
- 仙台市実施要綱
- 福島市，原町市条例他
- 関東平野北部地盤沈下防止等対策要綱
- 盛岡市，上三川町条例
- 土浦市他 6市町村条例
- 越谷市他 6市町村条例
- 千葉市他 60市町村条例
- 都要綱
- 八王子市他
- 自家用天然ガス対策に新潟市他12市町および六日町条例他 17市町村条例
- 高崎市，邑楽町条例
- 横浜市他 7市町条例等
- 県要綱
- 清川村，上市町条例
- 富士市他 1市3町条例
- 韮崎市他 11市町村条例等
- 金沢市，松任市他 11市町条例等
- 福井市他 6市町条例
- 近江京市条例
- 長岡京市他 4市町村条例等
- 濃尾平野地盤沈下防止等対策要綱
- 名古屋市他 1市条例
- 尼崎市他 4市条例
- 東大阪市他 3市条例
- 白浜町要綱
- 水資源保全等のための48の市町村条例・要綱
- 高松市条例
- 筑後・佐賀平野地盤沈下防止等対策要綱
- 豊前市他
- 別府市条例
- 鹿児島市他 9市町条例
- 三日月町条例
- 熊本市条例
- 加津佐町他 1市条例
- 宮古島条例（沖縄県）

図 5.7　地下水採取の規制状況[6]

5.4 地盤沈下

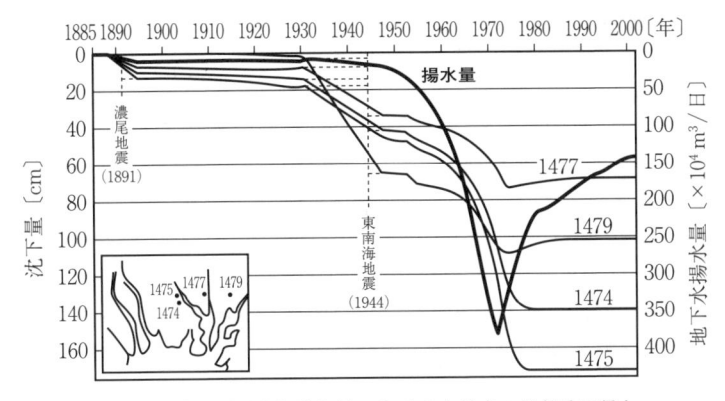

図5.8 濃尾平野南部臨海域における水準点の地盤沈下量と地下水揚水量の経年変動[7]

が推進され，またわが国の高度経済成長が昭和48年の石油ショックを契機として安定成長に変わったこともあって，地下水揚水量が減少し，これに伴い沈下が沈静化している。

ただし，地下水は地域社会の生産活動や社会活動と大きく関わっており，社会生活上必要不可欠なものである。濃尾平野のような上水道用水，工業用水，農業用水などの利用のほかにも，例えば豪雪地帯では融雪対策として水温の高い地下水を**図5.9**のように消雪用に利用するなど，冬期気象災害の対策として用いている。このように，揚水量が増えるのはある程度やむをえない面ももっている。

図5.9 散水式消雪用パイプ（新潟県長岡市）

144   5. 地盤災害

5.4.2 地盤沈下の対策工

構造物，盛土などの上載荷重，建設工事などの振動などについては，当然のことながら計画段階から地盤沈下を生じないための対策（軽量化や振動を抑えるなど）を講じておく必要がある。圧密沈下に関しては，すでに5.2節でも述べたように，地下水位が低下し，土かぶり圧が増加しないように揚水規制が必要である。

地下水の汲上げは，5.4.1項でも述べたように上水道用，工業用，農業用，豪雪地帯の消雪用など，社会生活上必要不可欠なものであり，揚水規制にも限界がある。したがって，地盤沈下の予想される地盤に構造物を計画するときには，不同沈下を発生させない構造，あるいは関西国際空港旅客ターミナルビルや管制塔のように不同沈下をジャッキアップにより修正できる構造にしておくなどの，事前の対策が必要である。

5.5 地盤の液状化

5.5.1 液状化のメカニズムと実態

砂のような粒状体を容器に入れ，振動を加えると密に詰まることは誰もが経験的に知っている。一方，緩い砂が水で飽和している場合は，間隙に介在する水が，砂が密に詰まろうとするのを妨げるため間隙水圧が上昇し，これに伴って式 (5.3) に示す有効応力が減少する。大きな振動を受けるか，振動の継続時間が長いと間隙水圧はさらに上昇し，有効応力が零になると，式 (5.9) に示すように $\tau=0$ となり，この砂地盤は完全にせん断強さを失う。これが地震時の地盤の液状化現象であり，そのメカニズムを示したのが図 **5.10**[8] である。緩詰めの砂は，図 (b) のように液状化した直後から沈積し，最後には図 (d) のように液状化前よりも密になるので地表面が沈下する。

地表付近に田畑のように粘性土層があったり，駐車場のようにアスファルト舗装で覆われている場合には，間隙水圧が被圧の状態となり，上部を覆っている土層やアスファルトの弱点箇所から，液体状の砂が表面に吹き出す噴砂が観

5.5 地盤の液状化　145

測されることがある。**図 5.11** は，東北地方太平洋沖地震（2011.3.11）時に千葉県浦安市の駐車場で確認された噴砂，噴水である。

　液状化した砂は液状を呈すので，この液体状の砂の密度よりも重い構造物は

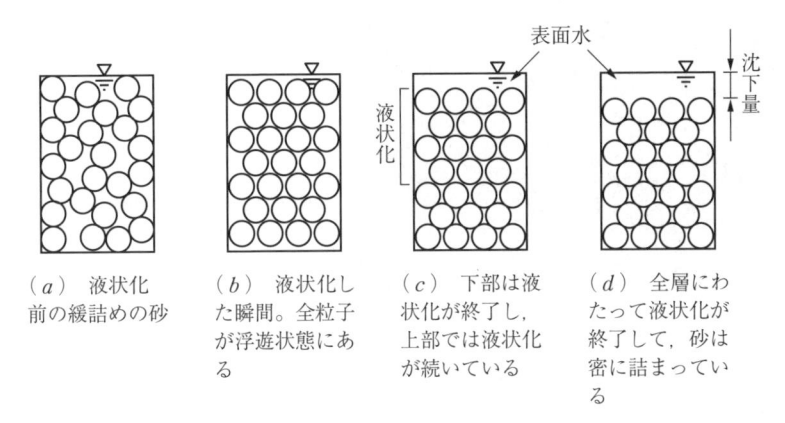

（*a*）液状化前の緩詰めの砂

（*b*）液状化した瞬間。全粒子が浮遊状態にある

（*c*）下部は液状化が終了し，上部では液状化が続いている

（*d*）全層にわたって液状化が終了して，砂は密に詰まっている

図 5.10　砂の液状化の発生から終了までの過程[8]

図 5.11　千葉県浦安市の駐車場の液状化（(株)東洋スタビ提供）

図 5.12　千葉県浦安市：液状化による富岡交番の沈下被害（2011.3.23 撮影，(株)東洋スタビ提供）

図5.12のように沈下し，逆にこれよりも軽いマンホールなどの地中構造物は浮力を受けて図5.13のように浮き上がり，被害を生じる。

図5.13 千葉県船橋市：液状化による地中タンクの浮き上がり被害（(株)東洋スタビ提供）

5.5.2 液状化の予測と対策工

液状化の発生に影響を及ぼす要因は，土の粒度分布（図5.14）や密度，有効上載圧，地震の繰返しせん断力の波形や大きさ，継続時間などである。

したがって，液状化に対する地盤・構造物の安定を検討するには，液状化の予測が重要となり，液状化発生が予測される場合には，なんらかの対策を行う

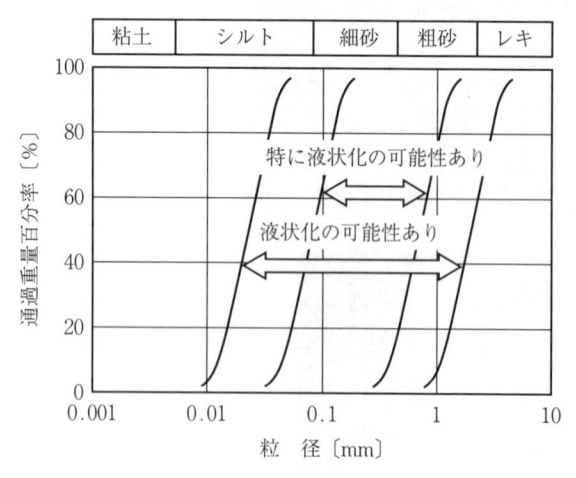

図5.14 液状化しやすい土の粒度分布（均等係数の小さい砂）[9]

必要がある。液状化の予測・評価方法は**表5.1**[10]に示すように，微地形などの地理地形情報，N値や粒度分布に基づく簡易な方法から室内液状化試験，地震応答解析に基づく詳細な方法まで提案されている。

表5.1 液状化予測・評価方法[10]

グレード	予測方法	目的・適用
概略	地理地形情報と液状化履歴に基づく方法	・広域の液状化予測やゾーニング ・液状化マップ作成
簡易	N値および粒度等に基づく方法	・特定地域・構造物に対する液状化可能性の予測
詳細	室内液状化試験や地震応答解析を行う方法	・液状化による構造物への影響評価 ・地盤変位予測
	土の液状化モデルを用いて応答解析（有効応力解析）を行う方法	
特殊	模型振動台実験による方法	・構造形式・対策工法の検証評価
	原位置試験・測定による方法	・対策工法の効果検証

液状化による被害対策としては，液状化の発生そのものを防ぐための方法と構造物の被害を軽減するための補強工法などがある。**表5.2**[11]は，対策を必要とする地盤の改良方法や構造物対策についてまとめたものであり，表に示すように液状化防止のための地盤改良の方法にも，密度増大（グラベルドレーン工法，地下水位低下工法，サンドコンパクション工法，動圧密工法など），固結，置換などさまざまな方法がある。

液状化の対策については，液状化のメカニズムを理解し，その構造物に応じた対策が必要となるが，その対策には建設費の10～35％が必要とするといわれている。しかし，ひとたび液状化により被害が生じると，復旧にかかる費用は対策にかかる費用の2倍以上を要する。

例えば，東京都江東区新木場の某資材置場・駐車場の舗装は，舗装厚40cm，路床改良厚60cm（設計CBR 8％）の計1.0mが液状化層と考えられるものであるが，東北地方太平洋沖地震の約1カ月前の2011年2月に路床改良を実施している部分は液状化の影響は受けていなかった（**図5.15**）。このように，液状化対策の効果は，東北地方太平洋沖地震においても，また1995年1月17日発生の兵庫県南部地震においても確認されている。

表 5.2 対策工法の種類と分類（地盤工学会：入門シリーズ 27 土の活用法入門 表 5.2.3 より転載）[11]

対策方法	工法の原理		代表的な工法名	荷重制御		せん断特性			圧縮性		透水性		動的特性		適用地盤			
				荷重の分散化・均等化	水圧の軽減	強度増加	圧密促進	沈下軽減	トラフィカビリティの改善など	土圧の低減	不透水化	水圧軽減	液状化防止	流動性改善	砂質土	粘性土	互層	特殊土
地盤改良	密度増大	圧密・揚水の促進	バーチカルドレーン工法			●	●									●	●	●P
			グラベルドレーン工法			●	●						●		●		●	●P
			真空圧密工法		●		●									●	●	
			地下水位低下工法	●			●					●				●	●	●P
			プレローディング工法	●		●	●									●	●	●PG
		締固め	サンドコンパクションパイル工法			●	●						●		●	●		●G
			動圧密工法			●							●		●			
			ロッドコンパクションパイル工法			●							●		●			●P
			バイブロフローテーション工法			●							●		●			●P
	固結		深層混合処理工法			●					●				●	●	●	
			浅層混合処理工法			●			●		●				●	●	●	
			高圧噴射撹拌工法			●									●	●	●	
			注入工法			●					●		●		●	●	●	
			凍結工法			●					●				●	●	●	●P
	置換		掘削置換工法			●		●							●	●		
			強制置換工法			●		●							●	●		
	軽量化		軽量土工法	●				●		●								
	土の補強		帯鋼補強土工法			●				●					●			
			アンカー補強土工法			●				●					●			
			ジオシンセティックス補強土工法			●				●					●			
構造的対策	変形拘束		せん断変形抑制工法					●									●	●
	荷重バランス		フローティング基盤					●									●	●
施工方法	圧密による強度増加利用		減速施工															

特殊土 P：泥炭、G：埋立ゴミ

5.6 斜面災害　149

図 5.15　東京都江東区新木場の資材置場・駐車場敷地内周辺の状況（(株) 東洋スタビ提供）

5.6 斜　面　災　害

5.6.1　斜面災害のメカニズムと実態

　地すべり，斜面崩壊（山崩れ，崖崩れなど），崩落（落石，岩盤崩落など）といわれる斜面災害は，斜面の土塊が重力方向へ移動する現象であり，本質的な差異があるわけではない。すなわち，その発生機構は基本的にはつぎに示すとおりである。

　斜面上の土塊は重力によるせん断力を受けているが，土塊を支えるせん断抵抗力のほうが大きいために安定を保っている。しかしながら，土塊の一部を切り取ったり，降雨・融雪水の斜面中への浸透によって，有効応力が減少することにより，土のせん断抵抗力が低下したり，あるいは地震や大型車両や列車などの振動がきっかけとなり，土塊は重力方向へ移動するのである。

　したがって，発生機構や運動から地すべり・斜面崩壊・崩落を明確に区別することはできないが，その特徴をまとめると以下のとおりである。

　〔**1**〕　**地 す べ り**　　地すべりは，山腹または斜面を構成する土地の一部が地下水などに起因して平衡状態を破ってすべる現象，またはこれに伴って移動する現象である。

5～20°程度の緩い斜面に発生し，大きな地塊の形状を保ちながら動く場合が多く，その規模は1～100 haと大きい。主として粘性土をすべり面として活動し，速度は1日に0.01～10 mm程度と小さく継続的に動くことが多く，活動当初はゆっくりであるが，徐々に速くなることも珍しくない。また，条件によってはいったん停止したのち再移動することもあることから「地すべり等防止法」では，地すべりが発生した履歴のある斜面を地すべり危険地としている。発生前に地表に亀裂，陥没，隆起などの変状，地下水の変動などが生じるなどの兆候を示すことが多い。

また，地すべりは発生する地域が限定されており，地すべり地に特有な粘土の中ですべりが発生することから，これを特に地すべり粘土とよんでいる。その粘土が降水あるいは融雪水などの浸透によって含水量を増して強度を低下させ，さらには間隙水圧が増加して，ついには粘土の中でせん断破壊が生じてすべりが起る。これは式(5.7)から明らかなように，間隙水圧 u の増加により有効応力が減少し，その結果としてせん断抵抗力が小さくなるからである。

わが国の地すべりの地形は**図 5.16**[12]に示すとおり全国に分布しているが，その地質条件から，第三紀層地すべり，破砕帯地すべり，温泉地すべりに分類

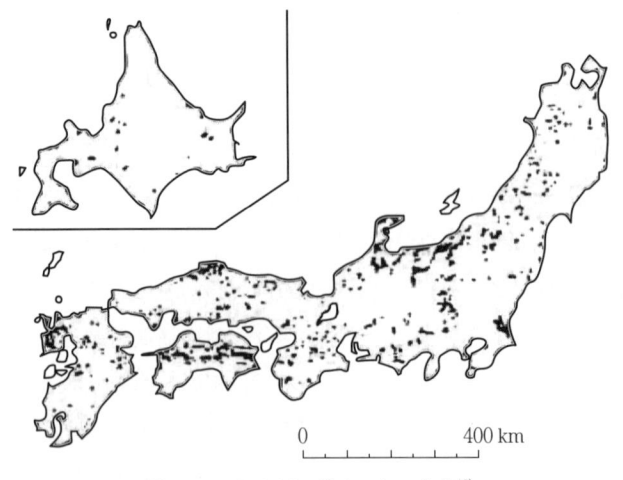

図 5.16 わが国の地すべりの分布[12]

される。この中で約60％は第三紀層地すべりであり，新潟，長野，富山，石川県の北陸地域と九州・長崎県の北松地すべり地帯がその代表である。これらの地域を構成する地質は，地殻変動が激しかった第三紀層の固結度が低い頁岩，泥岩，砂岩，凝灰岩であり，この岩石の風化が著しく進み粘土化されている部分が多い。

破砕帯地すべりの代表は，徳島，愛媛にまたがって四国を縦断する中央構造線に沿う地すべり地帯であり，ジュラ紀，白亜紀に起こった造山運動による変成作用を受け，周囲には小規模な断層や破砕帯が数多く存在しており，これにより岩石が破砕作用を受けて風化が促進されて粘土が生成された地帯である。

温泉地すべりは，鳴子，箱根，別府，霧島などの温泉地帯のわずかな地域に存在する。火山作用で岩石の風化が進み，温泉余土とよばれる粘土が生成された地帯である。

〔2〕**斜面崩壊**　斜面崩壊は地質不良によって起るもので，豪雨や地震などが原因で山などの自然斜面の表層が突発的に崩壊し，崖や岩がその直下に押し出される現象である。その多くは20°以上の急斜面に小さな規模で発生し，崩壊の速度は1日に10 mm以上と大きい。なお，崖の崩壊を崖崩れ，岩石の崩れるものを岩崩れと区別する場合もある。

このように崩壊規模が小さく，深度が2～3 m程度の表層で発生することから，気象などの風化作用を受ける深度であるため，頁岩などの水成堆積岩類，しらすなどの火山灰地帯やまさ土化しやすい花崗岩などで発生しやすい。したがって，風化生成物のある斜面ではどこでも発生するが，火山灰や花崗岩の風化地帯である特殊土壌が広く分布し，さらには台風や梅雨による集中豪雨の発生する西日本に比較的集中している。この規模の崩壊を，後述する深層崩壊に対して表層崩壊ということがある。

深層崩壊とは山の斜面の表層2～3 mの土だけではなく，その下深くにある岩盤まで崩壊する現象である。豪雨や地震などで発生し，豪雨の場合には大量の雨水が地下に染み込み，地下水脈の水圧が上昇して崩壊が起きる。深層崩壊は災害規模が大きく，また，3.4節で説明した土石流が発生するなど，大き

な被害になる可能性が高い。大きな深層崩壊が起きると土砂が川をせき止めて天然ダムができ，決壊すれば下流にも広範囲に影響を及ぼす。

〔3〕 崩 落　崩落は，岩などが塊として急崖から剝離して落ちる現象であり，落石のように個別状に落ちるものも含めるのが一般的である。したがって，その規模には小石1個から岩盤数万 m^3 まで大きな幅があり，地質や地形などから危険性のある区域をある程度は想定可能であるが，ほとんど目立った兆候なしに発生する場合も多く，発生地点や発生時刻の予想は困難である。

落石は，豪雨時の地盤の緩みと地震や交通振動などの誘因が複合的に作用して発生するとされている。また岩盤崩落も，物理的・化学的風化が進行した岩盤が，地震や交通振動などの誘因により微妙なバランスを崩して急激に崩落すると考えられている。代表的な崩落事故は下記のとおりである。

　1989年7月　越前海岸岩盤崩落事故　崩落体積約 1 100 m^3
　　　　　　マイクロバス15人死亡
　1996年2月　北海道豊浜トンネル崩落事故　崩落体積約 11 000 m^3
　　　　　　路線バス1台と乗用車1台20人死亡
　1996年6月　JR高山線落石事故（三原トンネル出口）高さ約2.5m巨石
　　　　　　特急列車脱線17人負傷（図5.17）

このように，バスや列車が崩落事故に巻き込まれる場合が多いのは，乗用車に比べて振動が大きく，崩落のきっかけを作りやすいといわれている。

図5.17　JR高山線落石事故

5.6.2 斜面災害の対策工

〔1〕 発生を防止する方法　地すべりに対する安全率 F_s は，すべり面に沿ってすべろうとする力に対して，すべりに抵抗しようとする力がいくらあるかを次式で表したものである。

$$F_s = \frac{\tau_f l}{\tau l} \tag{5.10}$$

ここに，τ_f：土のせん断強さ，τ：すべり面上に作用するせん断応力，l：すべりの長さである。この τ_f は式 (5.7) で表されるので，地下水が上昇して間隙水圧が大きくなれば τ_f が小さくなり，式 (5.10) で表される安全率が低下することになる。したがって，間隙水圧を低下させるために暗渠，横ボーリング，集水井を設置するなどの，地下水排除工，あるいは地表面に排水路を設けたり浸透防止を施すなどの地表水排除工が有効な対策となる。

また，**図5.18** に示すように，想定されるすべり面の上部を排土し τ を減少させる工法，あるいはすべり末端部に押え盛土をする工法，さらには図のように末端部に擁壁などを設置して二次的な崩壊を防止する工法があり，一般的にはこれらは併用して用いられる。また，この上部排土工，押え盛土工の対策を施した区域は，公園などとして利用されることもある。

斜面崩壊や崩落に対しては，種を吹き付けたり，芝を張ったりする植生工，コンクリートを吹き付けたり，プレキャスト枠や法面アンカーを設置する工作物による法面工などのように，表層付近を保護あるいは強化する対策が有効である。

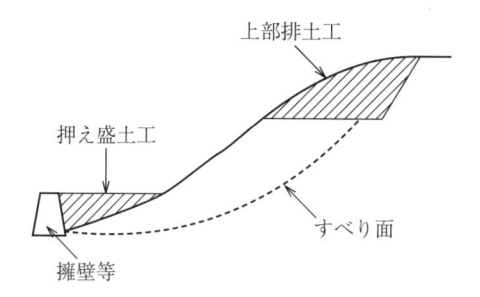

図5.18 地すべり防止対策工法（上部排土工，押え盛土工）

154　5. 地盤災害

〔2〕 **発生を前提とした方法**　斜面災害のうち，突発的に起る斜面崩壊や崩落などについては，地質や地形などから危険区域をある程度は想定できるので，道路や鉄道沿いに**図5.19**のような落石シェッド，防止網，防止壁を設置するなどの対策をとる。しかしながら，予想以上の崩落が発生した場合には，1989年7月の越前海岸岩盤崩落事故のように，落石シェッドを押しつぶして大惨事につながるという危険性もはらんでいる。

図5.19　スノーシェッド兼用落石シェッド
　　　　　（揖斐郡揖斐川町，国道303号線）

最近では，落石検知器や地すべり計などの崩災検知器を危険区域に設置しておき，衝撃や移動を検知し，管理事務所の警報装置などに連動させて報知するシステムも実用化されつつある。

演 習 問 題

【1】日本の地盤調査で代表的なサウンディングは標準貫入試験である。標準貫入試験の概要を説明せよ。

【2】地下水の汲上げによる地下水位低下が広域的な地盤沈下を引き起こすメカニズムを説明せよ。

【3】地震時の液状化対策工法を数種類紹介し，その工法の原理を説明せよ。

【4】地すべりの対策工法を数種類紹介し，その工法の原理を説明せよ。

【5】あなたの住む街について地盤災害が発生する可能性のある場所を挙げよ。また，そこに対策を施すとしたらどのような工法を適用したらよいか述べよ。

6

火 山 災 害

　火山は，地下深いところで岩石物質が溶けてどろどろした溶融体となったもの（マグマ）が，地表または海底に噴出して種々の山体を形成したものである。地球上の火山の多くは，環太平洋火山帯，インドネシアから地中海にいたる火山帯および東アフリカ火山帯などに集中している。日本列島とその周辺の太平洋沿岸は環太平洋火山帯を構成しており，地球上の火山の約60％はこの火山帯に集まっている。

　このように，環太平洋火山帯に位置するわが国には多くの火山が存在しており，古くから火山活動に伴う災害を数多く受けてきている。本章では，火山災害を引き起こす火山噴火のメカニズムとその種類，国内外の火山災害の事例，火山災害への対策について記述する。

6.1　火山噴火のメカニズム

　火山災害は火山噴火そのものによる噴火災害がおもなものであるが，そのほか広い意味では，火山噴出物の堆積や，土石流・地すべりなど地形・地質に起因するものも含まれる[1),4)]。

　火山噴火の発生メカニズムは，マグマ（岩しょう）という高温で溶けている岩石が地表へ噴出することで説明される。「2.2.2項　地震の発生する場所とメカニズム」に記した，海側から移動してくるプレートが陸側プレートの下に沈み込む部分の，海側プレートの深さ数10 km ～ 200 kmの場所で，マントルや地殻の岩石が融解温度（融点）に達して部分的に溶けることにより，一時的・局所的にマグマが形成される。

この融点に到達する原因は，マントル上昇に伴う圧力低下，水など融点を低下させる成分の混入，低融点岩石の高温物質との接触などである。形成されたマグマは周りの岩石よりも軽くなり，浮力を得てプレートや地殻の割れ目に沿って上昇し，密度が等しくなった場所などで停止してマグマ溜りが形成される。マグマ溜りに作用するプレートの押し合う力などでマグマが押し出されると，マグマは少し冷えて一部結晶化し，その体積が減ることでマグマ溜り全体が減圧し，マグマに溶け込んでいたガス成分が急激に気化して爆発的に上昇する。

マグマには水蒸気（H_2O）や二酸化炭素（CO_2）などの揮発性成分も含まれており，マグマ溜りの中でその圧力が高まると，マグマが岩石（地殻）を破って地表へ抜けて噴出する。以上のようなことが火山噴火のメカニズムである[2]。

マグマは1000℃以上の高温で，これが地表に出ると液体として流れ出すが，地表に流れ出たマグマを溶岩といい，溶岩が流れ出して開いた穴を火口という。

大型の火山でマグマを地表に出した広い火口はカルデラ（ポルトガル語で"大鍋"）とよばれている。図 *6.1* に火山噴火の概略図を示す。

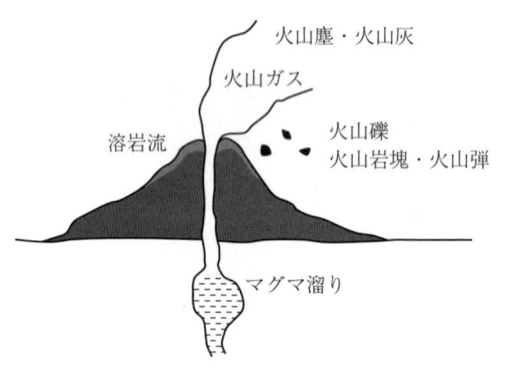

図 *6.1* 火山噴火の概略図[2]

6.2 火山噴火の種類

〔*1*〕 **水蒸気噴火（水蒸気噴出）**　水蒸気噴火とは，高温のマグマ（約1000℃）の冷却によって生じる火山ガスや熱水が上昇して地下水と混合し，気化膨張により水蒸気となり，これが火山ガスとともに地表へ噴出し，白煙を上げる現象である。接触する水は地下水で，水量が限られているため大爆発す

ることはなく，水蒸気噴火は小規模な程度にとどまる．活火山においては平常の活動として，このような白煙を上げる例が多くみられる．

火山の近辺によくみられる，一定間隔で水蒸気を噴き上げる間欠泉も一種の水蒸気噴出である．水蒸気とともにいろいろな微細な物質を噴き上げる場合には，噴煙として黒煙が上がる[2)]．

〔2〕 **水蒸気爆発** 高温の火山ガスや熱水，マグマが上昇し，地表で海や湖に到達する場合には，高温の物質が短時間に海水や湖水などの大量の水に触れることとなり，それらが瞬時に気化・膨張すると，大量の水蒸気が発生し，一挙に大爆発する．これを水蒸気爆発という．

水蒸気爆発は成層火山の成長の末期に起こり，山体を破壊するものなど，種々の形式がある[1)]．1888年の磐梯山の噴火では，10数回の噴火の最後に，水蒸気爆発が発生して大崩壊をもたらした．

〔3〕 **ハワイ式噴火** ハワイ島の火山でよくみられる噴火形式で，流動性が高く揮発成分が少ない液状のマグマが，火口で溶岩として溜まって流れ出すもので，爆発は起こらない．溶岩流の側まで近付いて見物できる．

〔4〕 **ストロンボリ式噴火** ストロンボリ式噴火は，マグマの破片や火山弾などが，短い周期で火口から爆発的に放出される形式の噴火である．流動性の大きい玄武岩質のマグマの活動に伴う場合が多く，溶岩の下に火山ガスが溜まって，数分から数10分間隔で，マグマのしぶき，半ば固結した溶岩片や球状・紡錘状の火山弾などが断続的に噴出する[1)]．

規模の小さい火山噴火であり，イタリアの火山の名をとってストロンボリ式噴火という．

〔5〕 **ブルカノ式噴火** ブルカノ式噴火は，粘性の高い溶岩が固結して火口をふさいだものを，火山ガスが吹き飛ばし，火山弾・火山岩塊・火山灰などが爆発的に噴出する噴火である．中程度の粘性を有する安山岩質マグマの活動に特徴があり，ストロンボリ式噴火より爆発の規模は大きく，噴出する岩塊は角ばったものが多く，火山灰の量も多い．

日本の活火山の活動の多くにみられる形式であり，イタリアのブルカノ火山活動が代表的であり，噴火形式として命名されている[1]。

〔6〕 **プリニー式噴火**　プリニー式噴火は，マグマの上がってくる火道で，火山ガスの圧力が非常に高くなって，火山ガスとともに大量の軽石や火山灰が，火口から空高く一気に噴出するとともに，大規模な火砕物が降下するような噴火であり，ブルカノ式噴火よりもさらに激しい噴火である。イタリア・ベスヴィオス火山の大噴火が代表例であり，これを観察・記録した人に因んでこの噴火形式をプリニー式噴火という[2]。

6.3　火山噴火災害の例

6.3.1　日本での火山噴火

日本のおもな火山を**図 6.2**に示す。

〔1〕 **有珠山**（プリニー式噴火，ブルカノ式噴火，水蒸気爆発）　約1万年前に北海道の洞爺湖南岸に形成された有珠山は，歴史的に数多くの噴火を繰り返してきた（**図 6.3**）。1943（昭和18）年暮から始まった有珠山東麓での噴火活動では，新火山が生じ，これが成長して1945（昭和20）年に標高406mの側火山となり，昭和新山といわれている。

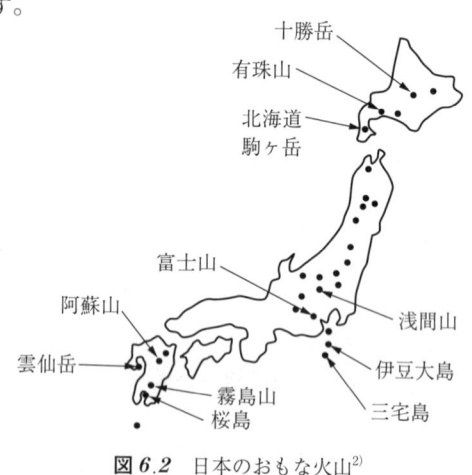

図 6.2　日本のおもな火山[2]

その後，1977（昭和52）年に有珠山山頂部の火口原から大小の噴火が続発し，大型の火山岩塊や火山弾，火山灰を噴出して，山麓の森林や住宅を破壊し，降灰で農作物に被害を与えた。地下のマグマ上昇に伴う地震活動が続き，大断層が形成されて土地の変形や亀裂を生じ，建造物や道路，水道管などを破

壊した．翌年にかけて，中小規模の水蒸気爆発も多発した[1),3)]．

〔2〕 **浅間山**（プリニー式噴火） 本州の中部，長野・群馬県境に位置する浅間山は，日本の火山の代表的な一つであり，安山岩質の溶岩と火砕岩などで形成された，円錐型の成層火山である．巨大噴火を含めて過去に数多く

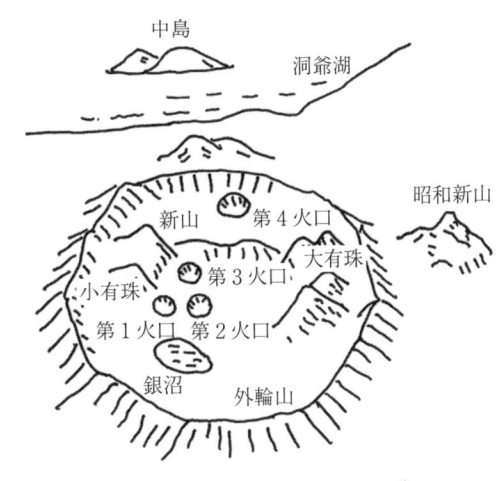

図6.3 有珠山付近のスケッチ[2)]

の噴火を繰り返している．噴火の前兆として地震が起こることが多く，爆発的な噴火で大量の火山弾や火山灰などを噴き上げている．

1783（天明3）年の噴火では，大噴火により火山灰や火山弾などを噴き上げて，降灰は東西200 kmにも及んだ．また，噴火が続いて溶岩ドームが形成され，吾妻火砕流と鎌原火砕流が続けて発生した．鎌原火砕流のエネルギーは大きく，約1 400名の人命と約1 300戸の家屋が失われた．

流出した溶岩流は冷えて固まり，「鬼押出」といわれる溶岩流の特異な景観を生じた．火砕流が吾妻川に流れ込み，洪水が発生して下流地域は甚大な被害を受けた．この天明の大噴火により合計2～3万人が犠牲となった[1),4)]．

〔3〕 **富士山** 富士山は日本の代表的な火山であり，溶岩が流出し，火口の周囲に堆積して固まることが繰り返されて，円錐型の成層火山として形成されたものである．記録に残るもので噴火は20回に及ぶが，1707（宝永4）年の噴火は，有史以来の大噴火の一つで最後の噴火となっている（**図6.4**）．

この年，マグニチュード8.4の宝永の大地震が発生して，東海道から南海道にかけて大被害を及ぼした．その後に富士山の南東中腹部から噴火が発生し，宝永山という側火山をつくるとともに，大量の火山噴出物が周辺に堆積し，火山灰の一部は東方に流されて，100 km離れた江戸にまで届いたとされている．

図 6.4 富士山の宝永噴火でできた宝永火口と宝永山（側火山）

大量の火砕物が河川に流れ込み，河床が上がったところに，翌年の大雨が大洪水を引き起こし，その後数年続いた日照りで大飢饉に襲われた。1707 年からの数年間は，宝永の大地震，宝永の噴火，洪水，飢饉と自然災害が次々と発生した大災害の期間となった[1),4)]。

その後，火山活動は休止しているものの，最近，地下にマグマ溜りができて，低周波地震が観測されており，噴火する危険性が指摘されている。

〔4〕 三原山（ハワイ式噴火，ストロンボリ式噴火，割れ目式噴火）　伊豆大島の三原山も歴史的に数多くの噴火を起こしたことが記録されている。最新の噴火は，1986（昭和 61）年に生じており，11 月 15 日に三原山山頂火口で噴火が始まり，島の東から南西方向にスコリア（玄武岩質の黒っぽいコークス状のもの）などを降らせた[1)〜3)]。

11 月 19 日には火口を埋めた溶岩がカルデラ内に流出し，噴火はしだいに爆発的なものとなり，11 月 21 日には外輪山北部を中心に激しい地震が発生して割れ目噴火が始まり，大量の火砕物と溶岩が噴出し，溶岩流は元町市街地方面に向い地震活動も激しくなった。島の南東部海岸付近での水蒸気爆発の危険性が高まったため，大島町では島外避難指示が出されて，島民 11 000 人と観光客 2 000 人が島外に非難した[1)〜3)]。

12 月 18 日には三原山山頂でストロンボリ式噴火が短時間続いたがその後静まり，12 月 22 日までに全島民が帰島した[1)〜4)]。

〔5〕 阿蘇山（水蒸気噴火，ストロンボリ式噴火）　阿蘇山は有史以来活

発に噴火活動を続けている代表的な火山の一つである。数10万年前頃からの活動で大量の溶岩を流出して地下のマグマ溜りが空になり，上部が陥没して東西25 km南北18 kmにも及ぶ巨大なカルデラが形成され，噴火によってカルデラ内に中岳などの火口丘が生じた。記録に残る噴火の回数では日本の火山の中で最も多い。

中岳は水蒸気噴出や小規模の水蒸気爆発やストロンボリ式噴火を繰り返しており，溶岩の流出などはなく，エネルギーを少しずつ放出する形式である[2),4)]。1933～1965年の噴火において噴石が飛んだ範囲は，中岳火口から1 km程度であった。

阿蘇山測候所では，火山性微動などの常時観測が行われており，噴火の危険性がある場合には，火山情報を出して火口周辺への立入禁止措置が取られる。しかしながら，1979年の噴火の際には，立入禁止措置にもかかわらず死者3名，負傷者11名の被害が発生した[3)]。身近に存在する火山であり，火口が静かなときには上から覗くことができるなど，観光の名所となっているが，活動の活発な火山であり，噴火の危険性があることを忘れてはならない。

〔6〕 **雲仙普賢岳** 雲仙普賢岳も，活発な活動を続けている火山の一つである。1663（寛文3）年の噴火で溶岩が流出して，幅約100 m，延長約1 kmの古焼溶岩として残り，1792（寛政4）年の噴火でも溶岩流が発生し，多量の溶岩が流出して，延長約2.5 kmの新焼溶岩として残っている。

また，同年には大きな火山性地震により眉山で大規模な山くずれが発生して多数の死傷者を出し，崩壊した土は流下して有明海に入り，海岸線を前進させるとともに津波を引き起こした。これが対岸の肥後（熊本県）に押し寄せて，島原と合わせて死者15 000人に及ぶ大災害となった。

この大惨事は「島原大変，肥後迷惑」といわれており，雲仙普賢岳の火山活動とともに歴史的大災害として知られている[1),4)]。

一方，雲仙普賢岳は近年も活動しており，その災害は記憶に新しい。1990（平成2）年には，前年からの火山性地震が約1年続いた後，11月に雲仙普賢岳が約200年ぶりに噴火を開始し，翌年の1991（平成3）年5月には溶岩ドー

ムの形成が始まり，水無川上流で土石流が発生し火砕流も発生し始めた。

1992（平成4）年に溶岩の噴出が続き，次々と溶岩ドームが形成され成長して火砕流が発生した。特に6月3日に発生した大規模な火砕流によって179棟が焼失し，死者・行方不明43人と負傷者10人の犠牲者を出した。これらの火砕流および火砕流堆積物からの土石流により多数の家屋が損壊した。11個もの溶岩ドームが形成されて成長を続けたが，1995（平成7）年2月に至って溶岩の供給が止まって溶岩ドームの成長も止まり，噴火活動は停止した。

この間，避難勧告が出されて警戒区域や勧告区域が指定され，避難した人数は一時地元の人口の約1/5の11 000人にも達し，長期化した避難生活は自然災害による被害の別な側面として課題を残した。また国道251号線と島原鉄道が遮断されて，地域経済に深刻な影響を及ぼした[2),3)]。

〔7〕 **桜島**（ブルカノ式噴火）　鹿児島湾（錦江湾）の桜島は，わが国で最も活発な活動を続けている火山である。708（和銅元）年の噴火により一夜にして島ができたとされ，その後，大小数多くの噴火が繰り返され，多くの被害が生じている。

桜島の最新の大活動は1914（大正3）年1月12日の大噴火で，前日から火山性地震が始まり，多数の火山弾が民家の屋根に落ちて家屋が炎上した。12日にM 6.1の火山性地震が発生して，全壊家屋39棟，死者13人の被害が出た。夜になって大爆音とともに大爆発が始まり，翌13日朝まで続き，午後から溶岩の大流出が始まり，桜島は一面火の海となった。溶岩の流出によって桜島の東岸の村落は全滅し，流出した溶岩で桜島は本土の大隅半島とつながった。

この大噴火のあと，1955（昭和30）年からは南岳山頂からの噴火が始まり，その後の30年間に5 000回にも達する爆発的噴火および噴煙活動が継続しており，農作物や周辺住民の生活などに多くの被害をもたらしている[1),2),4)]。桜島では京都大学桜島火山観測所により火山観測用坑道が建設されて，南岳山頂噴火予知に関して高精度の予知方法が研究されている[3)]。

6.3.2 外国での火山噴火

〔1〕 **ベスヴィオス火山**（プリニー式噴火）　紀元79年にイタリア南部のナポリ東方に位置するベスヴィオス火山（標高1 186 m）が大噴火を起こし，流出した溶岩と大量の降灰によりその山麓のポンペイなどの町が埋まり，約2万人もの人々が犠牲となった。

火山灰や火山噴出物の堆積でポンペイは4 mに達する深さに埋没したとされ，その直後の降雨で固まり，そのままの状態が続いて，19世紀になってようやく遺跡の発掘が開始された[2),5)]。当時のローマ帝国を襲った大惨事であったが，その後の発掘で，死の街ポンペイの被災状況が遺跡として残されており，観光地として有名である（**図6.5**）。

図6.5 ベスヴィオス火山（遠景）
　大噴火により埋没した古代ローマの都市ポンペイの発掘現場

〔2〕 **セントヘレンズ火山**（プリニー式噴火）　セントヘレンズ火山は，アメリカのワシントン州南部の太平洋沿岸に沿う火山群に属する大型の成層火山である。

1980年3月20日にセントヘレンズ火山の近くでM4の地震が発生してから，火山噴火の前兆地震が活発となり，水蒸気爆発も繰り返し発生した。山体の斜面が膨張して地形の変形が進行する中，5月18日に，セントヘレンズ火山直下でM5.1の地震が発生し，山頂部で大きな山体崩壊が起こった。これに続いて，爆風を伴う水蒸気爆発の大噴火が起こり，数100度の高温の爆風は最高200 km/hのスピードで30 kmにわたって走り抜け，約600 km^2 もの広範囲

の森林が破壊され,その損失は10億ドルと算定された[1)～3)]。

標高2950mの山頂部は約400mも低くなり,崩壊後は直径約2kmの馬蹄形の大きな火口(崩壊カルデラ)が口を開けた(**図6.6**)[1)～3),5)]。また噴煙は高さ20kmにも達し,北米大陸に大量の火山灰を降らせ,噴煙は広く空を覆って成層圏に高濃度のエアロゾル層を生成して気象の寒冷化となり,農作物に被害を生じた[2),5)]。

図6.6 セントヘレンズ火山(山頂部の馬蹄形火口)

一方,岩石や砂礫が麓のスピリット湖に流入して水位が60mも上昇し,さらに土石流・泥流が発生し,50km以上も流下して家屋・道路・橋梁を破壊した。この大噴火で70人以上の人命が失われ,森林や建造物などにばく大な被害が生じた[1)～3),5)]。

〔3〕 **ネバドデルルイス火山** コロンビアのネバドデルルイス火山は北部アンデス火山帯の北端に位置している。1985年11月13日,爆発的な噴火が発生して高温の火砕流が山頂の氷雪を溶かし,大泥流となって河川に流入し,北東約50kmに位置するアルメロ市や北西のチンチナ市を襲って大災害となった。死者・行方不明者は24000人にも達し,負傷者5000人以上,崩壊家屋5000戸以上,被害者総数17万人と,火山災害史上4番目に大きい災害とされている[2),3),5)]。

噴火の前兆となる火山性地震が大噴火の1年前から活発となり,1845年の噴火でも泥流による大きな被害があったことから,噴火の1カ月前に国立地質

鉱山研究所が災害予測図を作成しており，多くの点で災害を的確に予測していたものの，実際の防災には生かされなかったのは悲劇であった[2),3),5)]。

〔4〕 **ピナツボ火山**（プリニー式噴火）　フィリピン・ルソン島のピナツボ火山（標高1 745 m）が，1991年6月15日，大噴火を起こし噴煙は高さ30 kmにまで達した。アメリカ・セントヘレンズ火山の噴火を上回る20世紀最大級の噴火であり，噴石や火山弾，火山灰で，付近の街や村は砂漠化した。崩壊した多くの建物で圧死した人が多く，死者・行方不明は388人に達した[2),5)]。

6.4 火山災害対策

　活発な活動中の火山や潜在的な爆発の可能性を有する火山については，個々の火山ごとに地質・噴火の歴史・活動状況を調査し，それに基づいて将来の噴火予測と被害想定を行い，防災対策を講じる必要がある。

　わが国における火山災害への対策として，法的には1973（昭和48）年に，火山の爆発その他の火山現象により著しい被害を受け，または受ける恐れがあると認められる地域等における避難施設等の整備等に関する法律が制定され，1978（昭和53）年に「活動火山対策特別措置法」へと改正された。

　その中では，① 避難施設の整備，② 防災営農施設等の整備，③ 降灰防除施設の整備，④ 降灰除去，⑤ 治山・治水事業の推進などが規定されている[2)]。

　① の避難施設の整備には，火山泥流の検知システム設置と，検知した場合の防災無線などで各戸に通知する予報警報システム整備などがある。⑤ の治山・治水事業としては，砂防ダム，床固工，導流堤などの砂防施設により，侵食および火山砕屑物の流出の抑制と調整を図るほか，導流堤を設けて火山砕屑物を降雨によって海への直接流出を図ることなどがある。

　雲仙普賢岳の災害対策例では，砂防ダムを40基設けることや，土石流対策として導流堤設置などがある。水無川の下流に本流とは別に導流堤を設け，1回の降雨で，本流で60万 m^3，導流堤で100万 m^3 を直接海に流す計画となっている（**図 6.7**）[2)]。

6. 火山災害

図6.7 雲仙普賢岳における土石流対策
（導流堤・砂防えん堤）

一方，火山災害には，大量の火山灰が降下して高速道路の通行を阻害するほか，鉄道の走行を止めたり，細粒子がコンピューターなどの機器に入って機能を阻害したりするなど，火山灰による間接的な災害も発生する。

また，火山噴火は大量の火山ガスを成層圏まで噴き上げて濃密な煙霧体（1μm以下の大気中に浮かぶ固体や液体の粒子をいい，エアロゾルという）の雲を形成させる。成層圏にできた煙霧体雲は太陽エネルギーを遮り，地表の気温を低下させて異常気象へと影響する。地表に入射する太陽光線が1%変化すると地球の平均気温が約1.5℃変化するとされており，日照量の減少による農作物への影響が及ぶこととなるが，その防止策はまだない。また火山ガスに含まれるフッ化水素は，二酸化炭素やフロンガスと同じように地球温暖化へ影響する[2),3)]。

演 習 問 題

【1】 火山の噴火のメカニズムについて説明せよ。

【2】 火山の噴火形式の種類とその特徴について説明せよ。

【3】 火山災害の事例について，日本と外国とでそれぞれ2例挙げて説明せよ。

【4】 火山災害への対策として講じられている方法にはどのようなものがあるか説明せよ。

7

災害対策と防災計画

　「防災基本計画」という国が定めた計画がある。この計画は，日本の災害対策のあり方を決めるものであり，災害対策について勉強するためのよい手がかりになる。本章では，防災基本計画を軸に，関係する事柄を紹介しながら話を進めていきたい。

7.1 災害対策の全体像

7.1.1 防災基本計画

　防災基本計画[1]で災害対策の勉強を，とはいっても，現在の防災基本計画は600ページに達しようとする大きな文書であり，もともと全部を読み通すために書かれたものではない。この節の目的に関わりの深い部分に注目しながら，災害対策の全体像を調べていくことにする。

　防災基本計画は，1961（昭和36）年に制定された災害対策基本法（**コラム1参照**）によって中央防災会議が策定し，実施するように定められている。中央防災会議とは，これも災害対策基本法の定めによって設置されるものであるが，内閣総理大臣を会長とし，すべての国務大臣，防災に関わりの深い行政機関と公共機関から選任された職員，および災害や防災の研究分野から選任された学識経験者をメンバーとして作られる。

　中央防災会議は，防災基本計画（防災の基本方針）の策定以外にも，防災に関する施策の総合調整や災害緊急事態の布告などのような，国の防災を推進するための役割を担っている。

防災基本計画は，その初めての版が1963（昭和38）年に作られ，1971（昭和46）年に1回目の修正が行われた。2回目の修正は，24年というやや長い期間を経て1995（平成7）年に行われたが，その後は1年から3年の間隔で修正されている。

1995年の修正は，その年の1月に発生した阪神・淡路大震災（死者6 434人）の経験を踏まえ，自然災害への対策を全面的に修正したものだった。

コラム 1

災害対策基本法

災害対策基本法は，災害対策における「憲法」のような存在であり，災害管理に関する多くの法律の頂点に位置している。

では，災害対策基本法が災害対策に関する法律の中でいちばん先にできたかというと，そうではない。災害対策に関する法律は，日本に近代政府ができた明治時代から数多く作られてきた。災害対策基準法が1961（昭和36）年に制定されたとき，明治維新（1868年）から約1世紀が過ぎていた。

災害対策の「憲法」には，日本学術会議による「防災に関する総合調整機関の設置」に関する提案（1950年）や，全国知事会による「非常災害対策要綱の制定」に関する要望（1952年）などを経て，伊勢湾台風の被害（1959年，死者・行方不明者5 098人）を直接の契機として制定されたという歴史がある。

以下に，災害対策基本法の冒頭の部分を引用した。災害対策の「憲法」だとはいっても，私たちが目にすることはあまりない。この機会に目を通してみてほしい。

╋╋╋╋　╋╋╋╋

（目的）

第1条　この法律は，国土並びに国民の生命，身体及び財産を災害から保護するため，防災に関し，国，地方公共団体及びその他の公共機関を通じて必要な体制を確立し，責任の所在を明確にするとともに，防災計画の作成，災害予防，災害応急対策，災害復旧及び防災に関する財政金融措置その他必要な災害対策の基本を定めることにより，総合的かつ計画的な防災行政の整備及び推進を図り，もつて社会の秩序の維持と公共の福祉の確保に資することを目的とする。

1997（平成9）年の修正では，社会や産業の状況が，それ以前に比べて高度化，複雑化，多様化したことに対応するために，事故災害についての対策が強化された。また，2000（平成12）年には，その前年に発生した核燃料を製造する過程での事故を踏まえ，原子力災害に対する対策が修正されている。

最近では，2011（平成23）年の東日本大震災の経験をもとに，2011（平成23）年に津波災害対策編が，従来の震災対策編の一部から独立して追加され，2012（平成24）年に原子力災害対策編が強化された。

災害は，社会が常に変化する「生きもの」であるのと同様に，社会の変化を反映する「生きもの」であり，社会の変化は災害の変化をもたらしてきた。例えば，都市内の地下空間の利用や建築物の大型化，あるいは新しい物質やエネルギーの利用によって，人類がこれまでに経験したことのない，技術的な災害が発生する可能性が生まれてきた。また，新しい就業形態の導入や，伝統的な地域社会の弱体化などのような，社会的な変化によっても新しい災害の芽が生み出されている。

社会や技術の変化によって災害の様子が変化することを「災害の進化」とよんで，災害対策のあり方に注意を促す考えがある。新しい技術や社会が作り出す恐れのある災害に対抗するために，防災計画にも「生きもの」としての進化が要求されている。

社会の変化が急速であれば，防災計画の修正も頻繁にならざるをえない。上述のような，近年の防災基本計画の頻繁な修正には，社会と災害の急速な進化に対応しようとする災害対策の意思が反映されている。

7.1.2 災害の種類

2012（平成24）年に修正された防災基本計画は16編からなり，第1編を総則とし，第2〜6編を自然災害への対策，第7〜14編を事故災害への対策としている。災害対策という仕事の視界には，自然災害だけでなく，事故災害（人為災害）も入っている。**表7.1**には，防災基本計画で取り上げられている災害の種類と態様を示した。

表 7.1 防災基本計画が対象とする災害

分類	災害種別（編）	災害の態様	計画の構成
自然災害	地震災害（2）	地震動による地変，建物倒壊，基盤施設の破壊など；建物倒壊や市街地大火による多数の死者の発生	「災害予防，災害応急対策，災害復旧・復興」の3章で構成される
	津波災害（3）	津波による建物流失，基盤施設の破壊など；緊急避難の失敗による多数の死者の発生	
	風水害（4）	暴風，豪雨，洪水，高潮，地すべり，土石流，がけ崩れなど	
	火山災害（5）	火山の噴火に伴う事象	
	雪害（6）	豪雪に伴う都市機能の阻害や集落の孤立，雪崩災害	
事故災害	海上災害（7）	船舶の海難，遭難者（不明，死傷），船舶事故による汚染など	「災害予防，災害応急対策，災害復旧」の3章で構成される。大規模な火事災害（第13編）には，災害復興が含まれる
	航空災害（8）	民間航空機による大規模な事故（墜落など）による多数の死傷者の発生	
	鉄道災害（9）	列車の衝突などによる多数の死傷者の発生	
	道路災害（10）	道路構造物の被災などによる多数の死傷者の発生	
	原子力災害（11）	原子力発電所などで事故が発生し，その影響が周囲に及ぶ場合（影響が周囲に及ぶ可能性がある場合を含む）	
	危険物等災害(12)	危険物（石油コンビナートなど特別防災区域の危険物を含む），高圧ガス，劇物・毒物，火薬類の漏洩，流出，火災，爆発による多数の死傷者の発生	
	大規模な火事災害（13）	大規模な火災による多数の死傷者の発生	
	林野火災（14）	広範囲にわたる林野の焼失など	
その他の災害（15）			自然災害と同様な3章で構成される。多くの災害に比較的共通する事項を記述

注1) この表は防災基本計画[1)]をもとに作成した。
注2) 災害種別ごとに付いている数字（かっこ内）は，防災基本計画[1)]での「編」の番号を示している。例えば，「地震災害（2）」は「第2編　地震災害対策」に対応する。

第15編では，第2～14編には含まれていない災害について考えるときのために，それらに共通する対策が一般性の高い枠組みとして述べられている。

第16編の表題は「防災業務計画及び地域防災計画において重点をおくべき事項」となっている。防災業務計画と地域防災計画については，7.1.5項で触れることにする。

7.1.3 対策の種類——災害発生との時間的関係

災害の種類ごと（第2～15編）の章立てを見てみよう。災害の種類による多少の違いはあるが（**表7.1**を参照），どの編もつぎのような三つの章を基本として構成されている。

1) 災害予防
2) 災害応急対策
3) 災害復旧・復興

これらは災害対策における三つの形態であり，災害の発生した時刻との関係でつぎのように位置付けることができる。

1) 予防対策：災害が発生する前（平常時）の対策
2) 応急対策：発生した災害を緩和し，拡大を防ぐための対策（災害の発生が予測され，災害が発生する直前に行う対策もこれに含める）
3) 復旧・復興対策：災害を終息させ，被災地を平常化するための対策

このように書いてみると，「予防対策」「応急対策」「復旧・復興対策」という，性格の違う三つの対策を組み合わせることで，効果的な災害対策が行えるように計画されていることがわかる。

これら三つの形態を，時間経過との関係をもっとはっきりさせて，つぎのように分類することもできる。

172   7. 災害対策と防災計画

1)　事前対策
2)　事後対策（直後～短期）
3)　事後対策（中期～長期）

　災害の前にその芽をつみ取っておく，あるいは災害を根絶するという意味で予防対策が大切なことはいうまでもない。しかし，予防対策を行うべき事柄を見落としていたり，経済的な理由などで十分な対策ができなかったりする場合がある。災害の発生をことごとく阻止できないことも，私たちが住む社会の一つの現実として受け止める必要がある（最近は，このような考えをもとに，減災という言葉が使われることも多い）。

　予防対策の網の目をこぼれた災害を適切に処理するための対策が，応急対策と復旧・復興対策である。これらの事後対策についても，予防対策と同様に入念に計画しておかなければならない。

　時間の経過とともに行われる3種類の対策は，一度ずつ行なって，それで完結するという性質のものではない。災害からの復旧・復興をなしとげた地域でも，またいつか，より「進化」した災害に見舞われる可能性がある。復旧・復興の後にも予防対策を積み重ね，つぎの災害に備えなければならない。予防から復興に至る一連の対策は，終わりと始めの区別がない，連続した過程として理解しておく必要がある（**図7.1**）。

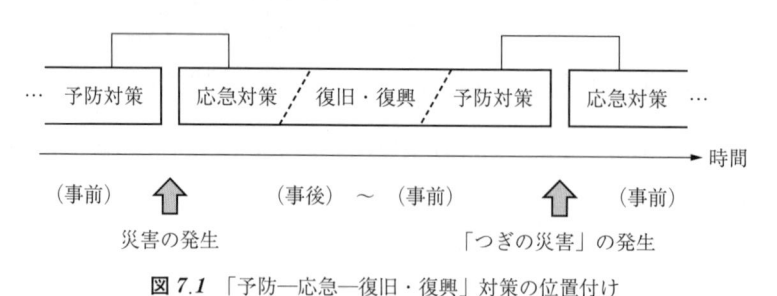

図7.1　「予防―応急―復旧・復興」対策の位置付け

　図7.1のような関係は，「らせん」のイメージ（**図7.2**）に置き換えることもできる。三つの形態による対策を一巡りしてきたら，前の場所よりも高い位

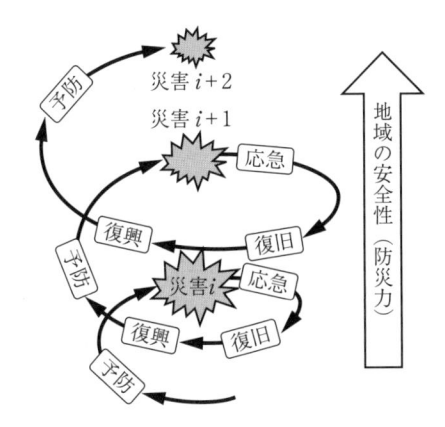

図 7.2 「予防―応急―復旧・復興」対策の繰り返しによる安全性（防災力）の向上

置にいるようにしたい。「高い」ということは「災害に対して強く，被害を受けにくい」ということを意味している。つぎの災害では，前の災害のときと同じような事態に陥らない知恵が求められている。復興と予防対策にかける時間と手間が多ければ，つぎの災害では，その頑張りに見合うところまで被害を押さえ込むことができるはずである。

7.1.4 災害対策の背景

災害という現象は，自然の力による物理的な現象としてだけでなく，人と地域に影響を与える社会的な現象として理解する必要がある。したがって，災害対策という行為も，社会の状況を的確に理解し，それに基づいて進められなければならない。防災基本計画の第1編（総則）・第3章は，この点について述べている。資料を補足しながら読んでみる。

近年の社会の変化は，都市化（人口の偏在），少子・高齢化，国際化（あるいはグローバリゼーション），情報化のような特徴をもっており，「災害に対する弱さ」が高まる傾向を助長している。「災害に対する弱さ」という概念は，災害の発生について考えるときの大切な事柄であり，「災害脆弱性」という用語で表されることが多い。脆弱性に当る英語として vulnerability があり，これがバルネラビリティという外来語として使われることもある。

以下の部分では，上記の特徴ごとに，災害脆弱性との関係を調べていくことにする．

〔**都市化の影響**〕

平常時の都市生活は，都市内に張りめぐらされた各種のライフライン（**コラム2**参照）を利用して，快適かつ効率的に営まれている．ところが，災害によって都市の活動を支えてきたライフラインが被害を受けると，それに頼りきりだった都市の暮らしは，いとも簡単に麻痺してしまう．ライフラインの災害脆弱性は折にふれて指摘されてきたことではあるが，私たちはいまなお，この問題から脱却できていない．

図7.3では，日本における都市化の進展を理解するために，人口集中地区の面積が拡大している様子を示した．人口集中地区とは，1平方km当りの人口が4000人以上の国勢調査区が隣接し，域内の人口が5000人を超える地域のことをいう．都市の特徴を備えた地域だと見なすことができ，Densely Inhabited Districts に由来する DID という略称でよぶことが多い．

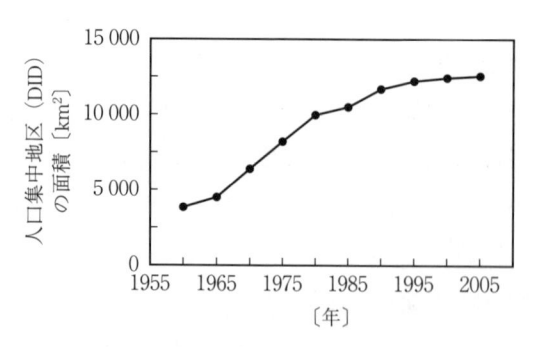

図7.3 都市（人口集中地区）の拡大

図7.3に示されたような都市域の拡大と並行して，都市の人口も増加している．人口集中地区の人口は2012（平成24）年に8600万人に達し，総人口の70％近くを占めている．このような数字からも，都市の災害を視野においた災害対策の重要性を読み取ることができる．

ただし，都市での災害とともに，都市への人口集中の影響によって形成され

た過疎地の災害にも注意する必要がある．過疎傾向にある地域の中には，厳しい自然条件をもち，災害が発生しやすいところが多い．例えば，山間地の急な斜面では，豪雨や地震などをきっかけとする土砂災害が起きやすく，多雪地域には集落の孤立や雪崩災害が起きやすい．また，人口の減少には少子化や高齢化が伴うのが常であり，社会的な脆弱性も視野に入れた対応が必要になる．

コラム 2

ライフライン

都市内に張りめぐらされ，人々の生活や社会的・経済的な活動を支えているシステムをひとまとめにしてライフラインとよんでいる．

ライフラインを広くとらえると，そこには電気・水道・ガスのような供給系，道路・鉄道のような交通系，電話を中心とする通信系が含まれる．ただし，供給系だけをライフラインとして，狭くとらえることもある．

ライフラインという用語は，英語の lifeline をもととする外来語である．ただし，英語の lifeline でさえ，日本語のライフラインと同じ意味で使われるようになったのは，それほど古いことではない．

災害対策の問題としてライフラインの被害が大きく注目されるようになったのは，ロサンゼルス市の北部で発生したサン・フェルナンド地震（1971年）のときだった．供給系の停止が市民の生活に大きな影響をもたらし，高速道路の一部が破壊して交通系にも障害が発生した．

このような被害が発端となって，都市の機能を支える施設をまとめて lifeline とよぶようになり，さまざまなシステムからなる巨大で複合的なシステムとしてとらえながら災害との関わりを考えることが提唱された．

日本では，宮城県沖地震（1978年）で仙台市の水道やガスが停止したときに，ライフラインの被害とその影響が強く意識されるようになった．

ライフラインの機能停止は，住民の生活に支障をもたらすだけでなく，その影響が地域に広がって消防活動や医療活動の妨げになる．また，産業の種別に関わらず，地域の産業に影響することが明らかになっている．

ライフラインの災害対策は，災害対策における重要な領域の一つとして，すでに数十年に及ぶ継続的な取組みが行われているが，ライフラインの被害が根絶する様子はみえてこない．

7. 災害対策と防災計画

〔高齢化や国際化の影響〕

災害の影響を受けやすい人々の増加にも目を配っておく必要がある。災害の影響を受けやすい人々を指して，災害弱者や災害時要援護者という用語を使うことがある。

高齢者の中には，運動や日常生活，あるいは情報収集などに関する能力の不足から，災害に対応する能力が低い人々がいる。また，高齢者の中には古い住宅に住む人が多く，住宅の脆弱性と居住者の体力低下が複合することによって発生した，危険な環境におかれている場合が少なくない。

そのような状況を示す一つの実例として，**図 7.4** では，地震による死者の発生状況を年齢別に整理した。死者率（人口に対する死者数の割合）は年齢とともに上昇し，高齢者の災害脆弱性の現れと理解することができる。

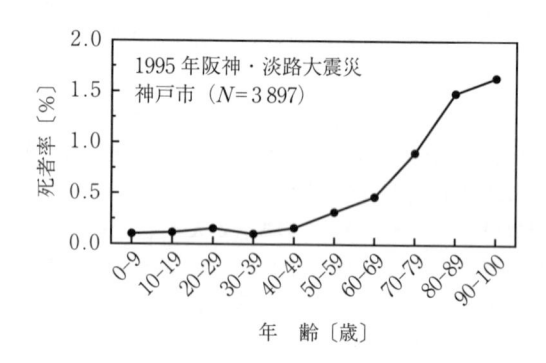

図 7.4 年代別の死者発生率

図 7.5 には，これらの問題が社会的に深刻化していることを示すデータの例として，高齢者（65歳以上，75歳以上）が増加している様子を示した。災害に対応する能力が低い人々が増加し，同じ強さの自然現象が発生したとしても，時代とともに災害の規模が大きくなる傾向が推測される。人口の高齢化は，社会的な災害脆弱性の高まりにほかならない。

また，外国人の中にも，ことばの壁や地理の不案内，あるいは地域との交流の不足などのために，災害時要援護者とみなせる人々が多い。国際化という現象には外国人居住者の増加が伴うため，これを災害弱者の増加傾向として理解

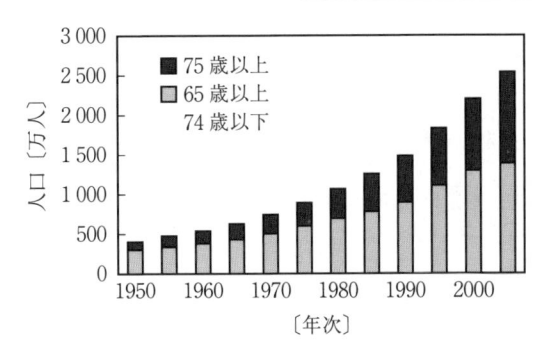

図 7.5　高齢者人口の増加

し，それに相応しい対策を施しておく必要がある。

[情報化の影響]

　情報化もまた，近年の社会の変化を示す重要な特徴の一つになっている。個人や家庭への情報機器の普及は著しく，事業所ではさらに進んだ状況にある。情報機器を利用し，インターネットを介して行われる情報の収集と交換が，現代の生活の効率性や利便性を高めており，機器の普及や高度化は今後も続いていくものと思われる。しかし，全般的な都市化傾向としても指摘したように，情報ネットワークの機能が失われたときの影響は計り知れないものとなり，入念な予防対策が欠かせない。

7.1.5　災害対策の主体

　防災基本計画の第 16 編は，第 2 〜 15 編のような，災害の種類ごとの対策について書かれたものではない。第 16 編の題名は「防災業務計画及び地域防災計画において重点をおくべき事項」となっている。

　「防災業務計画」とは何だろうか。また，「地域防災計画」とは何だろう。この章での中心的な話題になっている「防災基本計画」との関係も気になってくる。

　このような疑問に答えるために，「だれが，どのような防災計画を」作るのかという関係を表 7.2 に示した。防災計画を作るということは，その計画に

7. 災害対策と防災計画

表 7.2 防災計画とその作成者

計　画	作　成　者
防災基本計画	中央防災会議
防災業務計画	指定行政機関，指定地方行政機関；指定公共機関，指定地方公共機関
地域防災計画	地方公共団体（都道府県防災会議，市町村防災会議または市町村長）

注）指定行政機関，指定地方行政機関，指定公共機関は，2013（平成 25）年現在，それぞれ 23，19，57 を数えている。

沿って防災事業を実施することにほかならない。計画の作成者は，計画の実施者でもある。

表 7.2 に示した関係を一言で述べれば，「防災基本計画」はこの章の冒頭にも書いたように国が作るもの，「防災業務計画」とは個々の省庁や指定公共機関が作るもの，「地域防災計画」とは地方公共団体（都道府県，市町村）が作るものということになる。

「指定公共機関」とは，公共的な機関（日本赤十字社など）と公益的な事業（エネルギー供給や交通・情報網の管理と運用）を営む法人で，災害対策との関連で内閣総理大臣が指定したものをいう。

地方公共団体に設置される防災会議の組織や運営については地方公共団体の条例で定められ，防災会議の会長には都道府県の場合には知事，市町村の場合にはその首長が充てられる。会長以外の構成員は委員とよばれ，指定地方行政機関，陸上自衛隊の方面隊，教育委員会，警察，消防機関，指定公共機関や指定地方公共機関の長や職員が任命される。防災会議には専門委員をおき，災害や防災に関する調査を行うこともある。

成文化された防災計画を作ることを要求されることはないが，一般の住民もまた，災害対策の担い手として重要な存在である。このことは，防災基本計画をはじめとするどのような防災計画でも述べられており，災害対策基本法でも第 7 条（住民等の責務）の第 2 項につぎのように記されている。

> 地方公共団体の住民は，自ら災害に備えるための手段を講ずるとともに，自発的な防災活動への参加，過去の災害から得られた教訓の伝承その他の取組により防災に寄与するように努めなければならない。

7.1 災害対策の全体像

一般市民が個人や世帯として行う災害対策（上記の条文では「自ら災害に備えるための手段」）の中で，緊急時の避難や，災害が発生した直後の衣食に関しては広範な啓蒙活動が行われ，相応の進展がみられるようになっている。しかし，住宅の再建などのように大きな経済的な負担が伴う事柄に関しては，いまなお，その必要性さえ理解されておらず，十分な備えができていないように思われる。

復旧・復興への備えの中で，災害によって住宅を失う可能性を考慮した備えはとりわけ手薄な状況にある。住宅の被害を回避するためには，住宅の点検や補修（補強工事）を計画的に行うことが必要だが，近年もなお，そのような活動はほとんど行われていない。また，被害を回避できなかった場合を想定すれば，住宅の再建費を調達するための保険への加入などが必要であるが，これを実行している世帯も多くはない。

以上のような，自分が受ける災害に対して備える行動が「自助」と位置付けられるのに対し，以下のような，一般市民による社会的な活動は，相互扶助（助け合い）の意味を込めて「共助」とよばれている。因みに，国や地方公共団体が，それぞれの財政負担によって行う被災者支援は「公助」とよばれている。

災害時のボランティア活動は，阪神・淡路大震災（1995年）やその後の災害で高まりをみせ，災害対策における市民の活動（共助）の一つとして重視されるようになっている。地域防災計画の中にも，ボランティアの受け入れを円滑化するための詳しい内容をもつものが増えている。

被災者に対する義援金（義捐金）も，被災地外の住民から被災地の住民への支援の一つとして日本の社会に定着しており，これも共助の一つの形と考えられる。

図7.6には，防災対策の枠組みを「いつ，だれが」するのかを軸として示した。この表では，「なにを（，どのように）」するのかを書き込むための欄は空白のままになっている。

「予防―応急―復旧・復興」という段階ごとの対策に，個々の住民から国に

7. 災害対策と防災計画

災害対策の主体		対策の形態（段階，時期）			支援の形態
		事前（予防）	事後		
			短期（応急）	中・長期（復旧・復興）	
	国				公助
	公共機関				
	地方公共団体				
	事業者（企業）				共助
	住民				自助

図 7.6　災害対策の枠組み

到るさまざまな主体がそれぞれに「自助―共助―公助」の形で取り組むことによって，「災害対策の全体」が構築される．どの段階，どの形態（段階，時期）の対策が欠けたとしても，全体としての弱体化は避けられない．

図 7.6 では空白のままになっているが，主体ごと，形態ごとの対策がそれぞれの空欄に書き込まれ，それらが有機的に連携して機能するときに，効果的な災害対策が展開できるようになる．以下の節では，図 7.6 の空欄を埋める事柄について，紙面の許すかぎり考えてみたい．

7.2　予 防 対 策

7.2.1　予防対策の目標

防災基本計画の第 15 編，第 1 章では，予防対策の内容が整理され，つぎのような六つの目標が示されている．

1) 災害に強い国づくり，まちづくり
2) 事故災害の予防
3) 国民の防災活動の促進
4) 災害および防災に関する研究および観測等の推進
5) 事故災害における再発防止対策の実施

6) 迅速かつ円滑な災害応急対策，災害復旧・復興への備え

7.2.2 災害に強い国づくり，まちづくり

表 7.3 では，上記の六つの目標の第一に挙げられている「災害に強い国づくり，まちづくり」の内容を細分化し，だれ（活動の主体）が，なに（細分化した目標）を，どのようにするのか（目標の達成方法）という観点から整理した。

表 7.3 「災害に強い国づくり，まちづくり」の目標と方法

活動の目標	活動の主体				目標の達成方法
	国	公共機関	地方公共団体	その他	
災害に強い国づくり・まちづくり					
1　災害に強い国づくり					
(1) 主要交通・通信機能の強化	○	○	○		交通・通信施設のネットワークの充実，施設・機能の代替性の確保，施設間の連携の強化等により輸送・通信手段を確保する
(2) 災害に強い国土の形成	○		○		国土保全事業を総合的・計画的に推進する；社会資本の長寿命化計画の作成・実施等により，社会資本の適切な維持管理に努める
2　災害に強いまちづくり					
(1) 災害に強いまちの形成	○		○		まちの災害特性に配慮した土地利用の誘導等によって，災害に強いまちを形成する
(2) 建築物の安全化	○		○	施設管理者	住宅等の建築物，不特定多数の者が利用する施設，学校，応急対策上重要な施設，採用援護者の保護に用いる社会福祉施設，医療施設等の安全性の確保を推進する
(3) ライフライン施設等の機能の確保	○		○	事業者	ライフライン関連施設や廃棄物処理施設について災害に対する安全性を確保するとともに代替性の確保を進める
(4) 災害応急対策等への備え	○	○	○		応急対策，復旧・復興対策を迅速かつ円滑に行うための備えを行い，個々の職員・住民の防災力の向上を図る

注）この表は防災基本計画[1]の第 15 編，第 1 章，第 1 節をもとに作成した。

7. 災害対策と防災計画

「災害に強いまちづくり」や「防災まちづくり」といわれる考え方は，災害対策という目標を掲げて都市のあり方を考えることであり，都市計画の性格をもっている。もともと「防災まちづくり」の考えは都市計画の分野で提唱されたものであり，防災まちづくりは都市計画の手法を使って行われることが多い。

防災まちづくりに使われるおもな手法には，つぎのようなものがある（ここでの説明はごく概略的なものであり，より深く勉強するためには，都市計画の教科書や参考書を参照してほしい）。

1) 土地区画整理事業
2) 市街地再開発事業
3) 水面・緑地の計画的確保
4) 防災に配慮した土地利用への誘導

土地区画整理事業は，街区の構成が不規則で，市街地として適当な形状になっていない地域に対して行われる。事業の目的は宅地を計画的に造成しつつ，街路や公園などの公共施設の用地を確保して健全な市街地をつくることにある。

このような市街地が実現されることに伴って，緊急車両が進入できない地域が解消されたり，住民の安全を確保したり，災害の拡大を防止するための空間がつくり出される。健全な市街地を実現することが，そのまま安全な市街地の形成につながってゆくことが多い。

市街地再開発事業には，社会的な要請に応えきれなくなった古い市街地を，計画的に改造しようとするねらいがある。市街地再開発の目的や動機はさまざまであり，それらが複合するのが一般的であるが，その中でも都市の防災化が重要な目的の一つになっていることが多い。老朽化した多くの木造住宅を高層住宅に建て替えて不燃化し，高層住宅に囲まれた地域を大規模な防災拠点とした例や，市街地再開発によって道路の整備や施設の更新が進み，避難路や延焼遮断帯（火災の拡大を阻止するための空間や不燃化建築物）が確保された例が

ある。

　水面や緑地などの空間（オープンスペース）は，火災の拡大を防いだり避難場所を確保したりするために使われる。既存の都市内に，このような空間を作り出すのは必ずしも容易なことではないが，長期的な災害予防対策の一つとして重視されている。

　都市はその拡大過程で，本来ならば都市の建設に適さない危険な領域にまで踏み込んでゆくことが多い。例えば，地盤が軟弱な土地や洪水に見舞われやすい土地，あるいは背後に急斜面をひかえた土地が住宅地として利用され，災害対策上の問題になる。このような傾向に対処する手段の一つが土地利用管理であり，住民の生活が危険な地域へと進入するのをくい止める手法の一つになっている。

　以上のような予防対策は，都市を一つの空間としてとらえ，空間を制御することによって安全性を高めようとする。これに対し，都市を形づくる要素としての個々の建物への対応も忘れることができない。災害対策への配慮がなされた空間の中に，災害対策への配慮がなされた数多くの点（建物）が配置されることによって，初めて安全なまちを実現することができる。この意味で，個々の構築物（公共建物や住宅）を災害に強いものにすることは，防災まちづくりに関わる重要な課題になっている。

　地震の場合を例として，建物の強さについて考えてみる。

　図 7.7 には，兵庫県南部地震（1995年）による鉄筋コンクリート建物の被

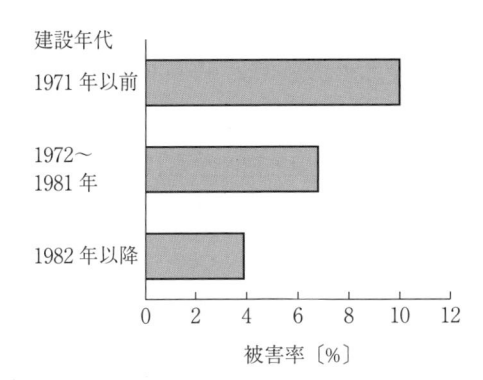

図 7.7 鉄筋コンクリート建物の建設年代と被害率の関係

害を，建物がつくられた年代別に示した．建設年代の区切りには，設計基準が変更された年を使っている．

図7.7には，古い建物ほど弱い傾向がはっきりと示されている．このような傾向は，建物に要求される強さ（設計基準）が時代とともに高まり，後になって建てられたものほど丈夫につくられていることと関係する．木造建物の場合にも，新しい建物よりも古い建物のほうが弱いことはいうまでもない．また，そのような傾向は，設計基準の変化のほかに建物の老朽化という要素も加わって，鉄筋コンクリートの場合よりもさらに著しいものになっている．

設計基準が変更されると，それ以後の建物は新しい基準に従って建てられなければならない．しかし，変更の前に建てられた建物は，たとえそれ以前に使われていた低い水準の基準で造られたものであっても，その基準を満たしている限り使い続けることができる．建物に要求される強さの水準が高まったからといって，実在するすべての建物の強さが直ちに向上するわけではない．建設面での改善の効果が防災面での改善として現れてくるには，相応の期間が必要になる．

設計基準が変化する前に建てられた建物は，現存はするものの，現行の基準に適合していないという意味で「既存不適格」であるといわれる．図7.7にみられるような古い建物ほど被害を受けやすい傾向は，既存不適格の建物の問題を端的に示している．

当然のことながら，古い建物に対する対策が忘れられているわけではない．「建築物の耐震改修の促進に関する法律（1995年，2006年）」が制定されるなど，改善に向けた取り組みが進んでいる．この法律では，既存不適格の建物に対する耐震診断と耐震改修について定めている．耐震診断とは，現存する建物の耐震工学的な調査を行って，地震に対する安全性を評価する技術のことをいう．耐震改修とは，耐震診断の結果をうけて危険な部分を撤去したり，強度の足りない部分に補強を加えたりすることを指す．

ただし，この法律の対象になる建物は，学校・病院・劇場・事務所などで，高さや床面積が一定の範囲を超えたものに限られている．また法律の内容は，

既存不適格な建物の所有者に対して，診断や改修を行う「努力」を求めたものにとどまっている．診断や改修の促進を定めた法律は強制力をもつものではなく，その効果を期待するためには，建物の所有者や管理者の意識が向上することをまず期待しなければならない．

木造住宅の耐震診断や耐震改修に関しては，地方公共団体の中に独自の支援制度を設けているところがある．診断・改修を希望する住民への技術者の紹介や，費用の助成などが行われている．ただし，上記の法律の場合と同様に，診断や改修の実施を強制するものではなく，建物所有者の防災意識が改善への原動力として期待されている．

7.2.3 応急対策や復旧・復興への「備え」

あらゆる仕事がそうであるように，災害が発生してからの対策（応急対策，復旧・復興対策）も「ぶっつけ本番」での成功はおぼつかない．学生の生活に例えれば，一夜漬けはおろか，何の準備もしないで試験に臨んだことと変わりなく，悲惨な状況のできは目に見えている．効果的な事後対策を行おうとすれば，日頃からの準備が欠かせない（**図7.8**）．

例えば，災害時に住民の避難誘導を行おうとすれば，あらかじめ避難場所や避難路を指定し，住民に周知しておくことが必要になる．訓練の必要性も高

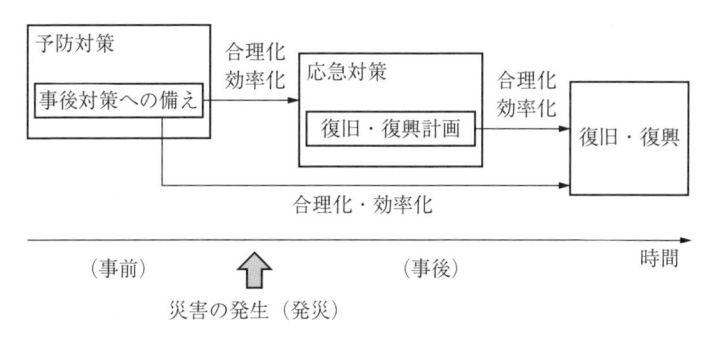

図7.8 事後対策のための事前対策（円滑な応急対策と復旧・復興対策を実現するために事前の準備（備え）が欠かせない）

く，その内容は，災害時要援護者への対応や避難者の集中による混乱にも配慮した，実際的なものでなければならない。

「事後対策のための事前対策」は，あらゆる対策項目で必要になる。事後対策については「7.3節　災害応急対策」「7.4節　災害復旧・復興対策」を参照してほしい。

7.2.4　国民の防災活動の推進

防災基本計画は住民に対し，自分自身や自分の家族，あるいは近隣の人々の安全を確保するために，災害への「備え」を求めている。住民が行うべき「備え」には「自分の身は自分で守る」という気概や地域防災への参加意識をもつことのような精神面での備え，災害に関する情報収集や防災訓練への参加などによって災害への対応能力を高めるような行動面での備え，非常食や薬品などを備蓄するような物資面での備えがあるとされている。

今日の日本が「災害対策の先進国」の一つであることに疑いの余地がないとはいえ，すべての住民が十分な備えをしているわけではない。備えの意義が十分に理解されていない場合さえ見うけられる。そのような状況を改善するために，防災基本計画では国・地方公共団体・公共機関などが行うべきこととして**表 7.4** に示すような方法が定められ，平時における住民の防災活動（備えの強化）を支援している。

7.2.5　研究や観測の推進

災害や災害対策に関する調査や研究を行い，災害対策の合理性や効率性を高めることも重要な課題になっている。この領域には，「災害の原因になる自然現象の観測や発生機構の解明，事故の態様や発生機構の解明，災害や事故に耐える設備や施設の開発」のような理工学的な分野に加え，「災害が人や社会に与える影響や人や社会の対応能力の解明，災害を管理するための体制や制度の開発」のような人文・社会科学的あるいは計画学的な分野が含まれる。

災害対策に関わる調査・研究には，上記のような，災害に関する普遍的な知

7.2 予防対策

表7.4　国民の防災活動を推進するための目標と方法

目標	活動の主体 国	公共機関	地方公共団体	その他	目標の達成方法
国民の防災活動の促進					
1　防災思想の普及, 徹底	○	○	○		自主防災思想の普及, 徹底を図る；防災教育を実施する
2　防災知識の普及, 訓練					
(1) 防災知識の普及		○	○		防災に関する動向やデータをわかりやすく発信する
					防災に関する教育の充実に努める；学校において, 防災に関する計画やマニュアルの策定が行われるよう促す
					地域での防災教育の普及促進を図る
					防災知識の普及に報道機関等の協力を得る；防災知識の普及に訴求効果の高い手段を利用する
	○	○	○		災害の危険性を周知し, 家庭での備えの普及啓発を図る
			○		災害アセスメントをし, 防災マップ, カルテ, マニュアルを配布する；研修などを行って, 防災知識の普及啓発に努める
(2) 防災訓練の実施, 指導	○				積極的かつ継続的に防災訓練を実施する
			○		居住地, 職場, 学校等において定期的な防災訓練を行うように指導し, 住民等の災害対応行動の習熟を図る
(3) 防災知識の普及, 訓練における災害時要援護者等への配慮	(○)	(○)	(○)		(防災知識の普及や防災訓練での一般的な留意事項) 災害時要援護者への配慮や被災者の性別に留意する
3　国民の防災活動の環境整備					
(1) 消防団, 自主防災組織, 自主防犯組織の育成強化	消防庁		○		消防団の活性化を促進し, 育成を図る
					自主防災組織の活動拠点や資機材の充実を図る
					自主防災組織の育成, 強化を図る；自主防災組織と消防団の連携を図ることにより, 地域の防災体制の充実を図る
	警察庁		○		自主防犯組織への助言と支援を行う
(2) 災害ボランティア活動の環境整備			○		ボランティア団体の活動支援やリーダー育成を図る；災害時のボランティアとの連携について検討する
	○		○		ボランティア活動が円滑に行えるような活動環境の整備を図る；ボランティア活動に必要な情報を提供する方策の整備を推進する
(3) 企業防災の促進				企業	事業継続計画を策定・運用するように努める；防災活動の推進に努める
	○		○		企業防災に資する情報の提供に努める；事業継続計画の策定支援に取り組む；企業の防災力向上の促進を図る
			○		企業に対し, 地域の防災活動への参加を呼びかけ, 防災に関するアドバイスをする
4　災害教訓の伝承	○		○		大災害に関する調査結果を収集, 整理, 保存する；保存した資料の公開に努める
					災害教訓の伝承について啓発する；住民による災害教訓の伝承を支援する
				住民	災害教訓の伝承に努める

注) この表は防災基本計画[1]の第15編, 第1章, 第4節をもとに作成した。

識の獲得を目指したもののほかに，特定の地域を対象として，そこでの災害事象に特化して行われるものがある．例えば，一つの県や市の範囲内における地震や津波による災害，一つの河川の流域での洪水，あるいは一つの火山の周辺に対する降灰・泥流・火砕流などに関する予測が行われている．

水害や火山災害を対象とした地域的な調査・研究については別の章にゆずり，ここでは地震災害の場合を例として述べることにする．

地域の地震災害に関する調査・研究の一つとして，多くの地方公共団体が「地震被害想定」とよばれる調査を行っている．地震被害想定の結果は地域防災計画を作成する際の基礎資料となり，震災対策の枠組みや規模を決める手がかりを与える．

地震被害想定には，一つの地震による被害が都道府県の範囲を超えて発生することを考慮して，国の機関が複数の都道府県を含む地域について行ったものもある．例えば，内閣府は「東京都，埼玉県，千葉県，神奈川県」を含む地域での地震被害想定を行い，その結果を 2006 年に発表している[2]．また，2012 年と 2013 年には，南海トラフに震源をもつ地震がもたらす西日本の太平洋側での被害に注目した想定結果も発表されている[3]．

地震被害想定で調査の対象になる事柄は，地震災害が多面的で複雑なものであるために広い範囲に及び，**表 7.5** に示すような多様な内容を含むことになる．

地震被害想定では，対象地域に発生する可能性が高くかつ深刻な被害をもたらすと考えられる地震を対象として，その地震による被害量を算定する．被害想定の出発点として選ばれる地震は「想定地震」とよばれ，多くの場合，過去に対象地域で実際に発生した地震が用いられる．また，対象となる地震を一つに限らず，いくつかの地震について被害量を算定するのが一般的であり，プレート境界の大規模な地震（M 8 クラス）と，調査対象域の直下に位置するプレート内に震源をもつ中規模の地震（M 7 クラス）という，二つに大別される複数の想定地震を用いることが多い．

表 7.5 地震被害想定の調査項目

想定項目	想定内容
地震動	震度分布,長周期地震動,地震動継続時間
地盤	液状化危険度（P_L値） 急傾斜地崩壊危険箇所
津波	津波高,浸水深
建物被害	ゆれによる建物被害（全壊,半壊） 液状化による建物被害（全壊,半壊） 急傾斜地の崩壊による建物被害（全壊,半壊） 火災による建物被害（出火,焼失） 津波による建物被害（全壊,半壊）
人的被害	建物の全壊（ゆれ,液状化）による死者数,負傷数 急傾斜地の崩壊による死者数,負傷者数 火災被害による死者数,負傷者数 津波浸水による死者数,負傷者数 屋内収容物の転倒・落下等による負傷者数 ブロック塀等の転倒による死者数,負傷者数 落下物等による死者数,負傷者数
交通　道路被害	橋梁・橋脚の被害 細街路の閉塞 緊急交通路の渋滞区間延長
鉄道被害 　　　港湾・空港被害	橋梁・高架橋橋脚の被害 港湾施設被害 空港施設被害*
ライフライン被害	電力,通信,ガス,上水道,下水道の被害 各ライフラインの復旧過程*
避難者	避難者数
帰宅困難者	帰宅困難者数 主要なターミナル駅ごとの帰宅困難者数
その他	閉じ込めが起るエレベーターの台数 災害時要援護者数 自力脱出困難者数 震災廃棄物量 地下街の被災* 長周期地震動による被害*

＊ 定性的な想定だけが行われた内容
注) この表は東京都防災会議[4]が行った被害想定をもとに作成した。

7.3 応急対策

7.3.1 応急対策の組立て

災害対策基本法（第50条，第1項）には，災害応急対策の項目としてつぎの九つが示されている．

1) 警報の発令及び伝達並びに避難の勧告又は指示に関する事項
2) 消防，水防その他の応急措置に関する事項
3) 被災者の救難，救助その他保護に関する事項
4) 災害を受けた児童及び生徒の応急の教育に関する事項
5) 施設及び設備の応急の復旧に関する事項
6) 清掃，防疫その他の保健衛生に関する事項
7) 犯罪の予防，交通の規制その他災害地における社会秩序の維持に関する事項
8) 緊急輸送の確保に関する事項
9) 前各号に掲げるもののほか，災害の発生の防禦又は拡大の防止のための措置に関する事項

ここでは，防災基本計画の第15編，第2章を整理しながら，応急対策の内容をもう少し詳しく図7.9のように整理した．図の各項目の後に付いているカッコ内の数字は，防災基本計画での節の番号に対応している．

応急対策を個々の「被災者」に働きかけるものと，被災者が居住する「地域（被災域）」に働きかけるものに，はっきりと分けることは難しい．ここでは，災害救助法に定められた救助（第23条）が被災者の救済としての面を強くもつものと考え，これに含まれるものを「被災者の救済」に分類した．

なお，災害救助法が成立した過程を**コラム3**で紹介したので，参照してほしい．

7.3 応急対策   191

災害発生直前の対策 (1)

活動体制の構築
情報の収集・連絡 (2-1) 通信手段の確保 (2-2) 活動体制の確立 (2-3, 4-5) 自発的支援の受け入れ (10)

災害の制御
災害の拡大の防止 (3-1) 二次災害の防止 (3-2)

被災者の救済
救助・救急および医療 (4-a) 避難誘導 (6-1) 避難・収容 (6-2, 3, 4, 5, 6) 情報提供 (6-7) 食料・飲料水および生活必需品の供給 (7) 遺体の処理 (8-3)

被災地域の救済
施設・設備の応急復旧 (3-2) 交通の確保・緊急輸送 (5) 消火活動 (4-3) 保健衛生, 防疫 (8-1, 2) 社会秩序の維持・物価の安定 (9)

注) カッコ書きの数字は防災基本計画[1]の「第15編 第2章 応急対策」の節番号を示している。

図 7.9 応急対策の組立て

コラム 3

日本の災害救助制度——災害救助法の制定まで

自然災害の被災者を救済する制度は古来からあったが, 日本に近代政府が成立した明治時代には, まず, 窮民一時救助規則 (1875年) や備荒儲蓄法 (1880年) などの制度が作られた。

その後, 罹災救助基金法 (1899年) の成立によって災害救助制度が確立し, 「明治—大正—昭和」の三つの時代にわたって多くの災害に適用された。

しかし, この制度には救助の方法に実体的な規定がないことや, 都道府県ごとの財政力や考え方の相違によって救助の不統一が生じるという問題点があった。また, 第二次世界大戦直後には, 物価の高騰によって罹災救助基金が不足し, この基金によって行う制度が十分に機能しなくなっていた。

このような状況は南海地震 (1946年) でも大きな問題になり, それを克服するために, 災害救助法の成立が強く要望されることになった。災害救助法は 1947 (昭和22) 年に, 「災害に際して, 国が地方公共団体, 日本赤十字社その他の団体及び国民の協力の下に, 応急的に, 必要な救助を行い, 災害にかかった者の保護と社会の秩序の保全を図ること (第1条)」を目的として制定された。

7.3.2 活動体制の構築

災害が発生した直後には，被災地での自然発生的な活動が中心的な役割を果たさざるをえない。このような活動は即時的な効果を発揮するものの，組織的な裏付けがない場合が多く，継続的な対応へと発展することが難しい。

応急対策は時間の経過とともに組織的な対応へと移行し，計画に基づいた強力な対応が行われるようになる。組織的な活動には，まず地元の市町村が当ることになる。ごく局所的な災害であれば，地元の対応だけで処理できることもある。しかし災害が市町村を超えた範囲に及び，それに対応するための活動が広域化すると，それを統括する役割を都道府県が担当することになる。災害の規模が大きく地方公共団体の対応能力を超える場合には，国の支援が行われる。

災害の規模に応じた活動体制がさまざまな機関の参加によって準備される一方で，被災者への支援には，地元の市町村や公共機関が中心になって当らざるをえない。しかし地域行政の職員だけでは数に限りがあり，被災者からの多様な要望に応えることは困難な場合が多い。このような状況に対処するために，市民の参加（ボランティア活動）が期待されるようになっている。

組織的な対応を行うためには，活動体制の構築が先決になる。被災地の地方公共団体（市町村や都道府県）では，職員の非常参集，情報収集や連絡体制の確立，対策本部の設置などの体制づくりを行って，必要な対策に着手する。地方公共団体以外の対策主体でもそれぞれに体制づくりが進み，相互の連絡と連携による組織的な対策が進行することになる。

自衛隊はその機動力によって災害への対応能力が高く，応急対策の担い手として重要な位置を占めている。自衛隊への連絡（応援要請）は，都道府県知事を通じて行うことが基本であるが，必要に応じて被災地の市町村長から直接に連絡し，緊急事態に対処することが計画に含まれている。

災害対策の初動期には，被害情報の収集はきわめて重要な活動であり，情報収集の成否によって応急対策の成否が決まるとさえいわれている。しかし，災害が発生した直後に，被害情報の手持ちがない状態（被害情報の空白期）が生

じるのを避けることは難しい．被害情報の収集が始められても，その後しばらくの時間にわたって曖昧な情報しか集まっていない状況が続くことになる（**コラム4**参照）．

このような問題を解決する試みの一つとして，テレビカメラを登載したヘリコプターによる被災地の撮影や，デジタルカメラを所持した行政職員の被災現場への派遣（撮影した画像は直ちに対策本部へ伝送される）のような，情報技術の応用が積極的に進められている．

7.3.3 被災者の救済

被災者を応急的に救済する法的な措置として，災害救助法に定められた救助がある．被災者を救済するための費用は災害救助法の規定に従って支出されるため，対策の内容もこの法律に沿ったものになる．

災害救助法は，地方公共団体の対応能力を超えたときに適用される．ある地

コラム4

情報空白期の解消に向けて——早期被害推定システム

適切な応急対策ができるかどうかは，被害情報の収集に大きく依存している．的確な情報収集が前提となって，効果的な対策が展開できるようになる．

しかし，災害が発生した直後に，十分な情報収集を行うことは決して容易なことではない．また，災害の影響が通信網にまで及んでいる場合には，収集した情報を伝達することも困難になる．このような原因によって「情報の空白期」が生まれてしまう．

地震防災の分野では，この問題を解決するための試みが，地震観測と被害予測という，これまでに培われてきた二つの技術の連携によって行われた．被災地やその周辺で観測された地震動の記録を即時的に伝送し，それを入力情報としたコンピュータ処理によって，建物被害や死傷者の発生状況を推定する．

システムから出力されるのは擬似的な情報なのだが，推定技術の蓄積によって相応の信頼性が確保されている．たったいま起こった地震による被害が居ながらにして把握できることになる．このようなシステムが国の機関や一部の地方公共団体で実現され，初動対応の立上げに利用されている．

域（一つの市町村）に災害救助法が適用されるのは，その範囲内で一定数の世帯が住宅を失った場合であり，**表7.6**に示すような，災害救助法施行令によって定められた適用基準が使われている．

表7.6 災害救助法の適用基準

市町村の人口〔人〕	住宅が滅失した世帯の数〔戸〕
5 000 未満	30
5 000 以上 15 000 未満	40
15 000 以上 30 000 未満	50
30 000 以上 50 000 未満	60
50 000 以上 100 000 未満	80
100 000 以上 300 000 未満	100
300 000 以上	150

注）この表は災害救助法施行令 第1条（2011年7月改正）をもとに作成した．
　一つの市町村において住宅が滅失した世帯が右列の数に達したとき，その市町村に災害救助法が適用される．
　上に示した基準のほかに，「都道府県内の被害」や「都道府県内の被害と市町村内の被害」に注目した基準，さらには被災地の孤立や死傷者の多発のような災害の特殊性を考慮した基準も定められている．

災害救助法に定める救助（第23条）は被災者の日常生活に対する一時的（応急的）な救済として行われるものであり，復旧・復興を目的としたものではない．災害救助法による被災者支援は，応急対策期の一時的なものであることが特徴の一つになっている．

災害救助法に基づいて行われる救助にはつぎのような種類がある．

1) 収容施設（応急仮設住宅を含む）の供与
2) 炊出しその他による食品の給与および飲料水の供給
3) 被服，寝具その他生活必需品の給与または貸与
4) 医療および助産
5) 災害にかかった者の救出
6) 災害にかかった住宅の応急修理
7) 生業に必要な資金，器具または資料の給与または貸与

8) 学用品の給与
9) 埋葬
10) 死体の捜索および処理
11) 災害によって住居またはその周辺に運ばれた土石，竹木などで，日常生活に著しい支障を及ぼしているものの除去瓦礫(がれき)の撤去

なお，上記の10)と11)は，災害救助法で「前各号に規定するもののほか，政令で定めるもの」とされるものであり，災害救助法施行令で定められている。

救助の内容（どの程度の救助を，どれだけの期間にわたって行うか）は，被災した都道府県の知事が厚生労働大臣の承認を受けて決めることになっている。ただし，過去の事例などを参考にして厚生労働大臣が設定した「一般基準」に従って標準的な救助活動を行えば，自動的に厚生労働大臣の承認があったこととして取り扱われる。**表7.7**に一般基準の例を示した。

一般基準では十分な救助ができない場合には，災害の実情に即した「特別基準」が設けられる。特別基準の内容は，被災した都道府県の知事と厚生労働大臣の協議によって決められる。

特別基準には，いずれも阪神・淡路大震災（1995年）での神戸市の場合であるが，一般基準では7日間と定められている避難所の設置が7カ月になった例や，一般基準では2年間と定められている応急仮設住宅の供与が4年間に延長された例がある。

災害救助に要した費用は，まず救助を行った都道府県が支払い，その後に都道府県が支払った金額の中の一定額を国が負担するという仕組みで処理される。都道府県による支払いは，災害救助法の規定（第37条）に従って，各都道府県が積み立てた「災害救助基金」によって行われる。また，国の負担分は**表7.8**のようにして決められ（災害救助法　第36条），災害救助に要した費用の中の相当の部分を占めることになる。

表7.8に従って簡単な計算をすると，例えば「都道府県の税収入に対する

表7.7 災害基準法による救助の程度と期間（一般基準）の例

救助の種類	対象	費用の限度	期間
避難所の設置	現に被害を受け，または受けるおそれのある者	100人1日当り30 000円以内（冬期には，別に定める額を加算する）	災害発生の日から7日以内
応急仮設住宅の供与	住家が全壊，全焼または流失し，居住する住家がない者であって，自らの資力では住宅を得ることができない者	1戸当り2 385 000円以内（面積は1戸当り平均29.7 m^2（9坪）を基準とする）	供与期間は2年以内（着工は災害発生の日から20日以内）
食品の供与	①避難所に収容された者 ②全半壊（焼），流失，床上浸水で炊事できない者 ③住家に被害を受け一時縁故地等へ避難する必要のある者	1人1日当り1 010円以内	災害発生の日から7日以内
医療	医療の途を失った者（応急的な処置を行う）	①救護班：使用した薬剤，治療材料，医療器具破損等の実費 ②病院または診療所：社会保険診療報酬の額以内 ③施術者：協定料金の額以内	災害発生の日から14日以内

注1）この表は厚生労働省告示（平成12年3月31日）をもとに作成した．
　2）表に示した救助のほか，災害救助法で行うすべての救助について「一般基準」が設けられている．
　3）応急仮設住宅の供与期間は建築基準法によって決められている．
　4）施術者（医療の③）とは，あん摩・マッサージ・指圧や柔道整復を行う者を指す．

表7.8 災害救助に要した費用の国庫負担（災害救助法　第36条）

都道府県の税収額に対する救助費用の割合	国庫補助の割合
2/100以下の場合	50/100
2/100を超えた場合 　2/100以下の部分 　2/100を超え，4/100以下の部分 　4/100を超える部分	 50/100 80/100 90/100

注1）この表は災害救助法の第36条に従って作成した．
　2）国庫補助が行われるのは，救助費用の合計が100万円以上の場合に限られる（災害救助法施行令　第23条）．

救助費用の総額」が 10/100 のとき「救助費用の総額に占める国庫補助の割合」は 80/100 となり，国庫補助の割合が高いことがわかる．

被災者が災害から受ける影響の一つとして心理的な問題があり，これに対処するための活動（心のケア）の重要性が指摘されている．災害の原因になった現象への恐怖心や，被災による物心両面の喪失感などによって心理的・精神的な影響を受ける被災者は多く，応急対策期のみならず，その後の長い期間にわたって心理的な問題に対して適切に支援する必要がある．

7.3.4 住宅の被害調査

災害が発生した直後の重要な活動の一つとして被害の調査がある．公共施設の被害調査と並んで，平常時の維持や管理が所有者自身に任されている個人住宅の被害調査は，被災地の地域行政にとって大きな課題とも負担ともなっている．

住宅の被害調査は「被害認定[5]」と「応急危険度判定[6]」の二つが代表的であり，現在の日本では，前者は地震，水害および風害のそれぞれに対して作られ，後者は地震を対象として行われている．地震災害の被災地では，応急危険度判定と被害認定のための調査の両方が，それぞれの目的で行われることが多い（調査目的の違いから，一般に応急危険度判定が先行する）．

被害認定の結果（「全壊―大規模半壊―半壊」の別）は，被災の規模を把握することに加え，被災地の市町村が発行する「り災証明」の基礎情報として利用されている．

「り災証明」に記載される被害程度は，被災者の生活再建に対する公的支援（7.4.3項で詳述）や義援金の配分に大きく影響するために，被害認定には速さと正確さ（公平性）という，相反する性格が求められる．

被害認定には，基準の整備とともに，基準の運用（調査の実施）という課題がある．運用上の課題は，調査に従事する人材の不足によることが多い．

二つの被害調査の特徴を整理し，**表 7.9** に示した．

7. 災害対策と防災計画

表 7.9 被害認定と応急危険度判定

調　査	被害認定	応急危険度判定
目　的	住宅の経済的（資産的）な被害程度を評価する；「り災証明」に記載する被害程度を判定する	建物の当面の使用の可否を判定することにより，二次的な災害の発生を防止する
被害分類	全壊，大規模半壊，半壊	危険（赤），要注意（黄），調査済（緑） 注1) 括弧内は貼り紙の色 　2)「調査済」は「当面の使用が可」であることを意味する．
対象災害	震災，水害，風害	震災
建物の構造分類	木造，プレハブ，非木造	木造，鉄筋および鉄骨鉄筋コンクリート造，鉄骨造
方　法	目視（外観）と傾斜の測定（震災の2次判定と水害・風害の調査では，原則として内部立ち入り調査を行う）	目視（外観，内観，隣接建物，周辺地盤）と傾斜の測定
依拠する文書	災害に係る住家の被害認定基準運用指針[5]	被災建築物応急危険度判定マニュアル[6]

7.3.5 被災地域の救済

交通の確保や緊急輸送活動は，被災者の生活支援や復旧工事のための物資の輸送，あるいは対策要員の移動を滞りなく行うための対策として重要である．交通の確保は，医療や消火などの緊急活動のためにも強く求められる．道路や鉄道を利用した輸送活動はもとより，港湾（船舶）や飛行場（航空機）を利用した輸送網の確保も，状況によっては重要な課題になってくる．

火災の拡大（延焼）に対する消火活動のように，災害の拡大を阻止し，二次的な災害の発生（火災域の拡大による広域避難中の住民の焼死や危険物施設の爆発など）を防止するための活動も重視する必要がある．

応急対策では，被災域の社会的な側面にも配慮する必要がある．被災した地域には社会的な混乱や心理的な動揺が広がるため，それを意識した対策が求められる．

防災計画には，防犯を念頭においたパトロールの実施や，生活の安全に関する市民への情報提供などが含まれる．被災者の生活再建に向けて物価の安定や

必要な物資の供給を図ることも大切であり，関係の機関は適切な措置をとることが求められる。

7.4 復旧・復興対策

7.4.1 復旧・復興体制

被災地の復旧・復興が，被災した人々の生活再建を助けるものであることはいうまでもない。それと同時に，以後の災害を防止したり，地域が発展するための条件づくりをするための機会としても利用することができる。また，災害によって地域の社会経済的な活動が阻害されていることを念頭におき，迅速な復旧・復興を目指すことも大切な課題になる。

被災地の復旧・復興は，図 7.10 に示すように，地方公共団体が主体となって，地域の意向を尊重しつつ，住民と協同して計画的に行われる。国は財政措置・金融措置・地方財政措置などによって，地方公共団体と住民を支援することになっている。また，予算的な支援のほかに，地方公共団体（被災地外の市町村や都道府県）や国からの職員の派遣や技術の提供などが行われる。

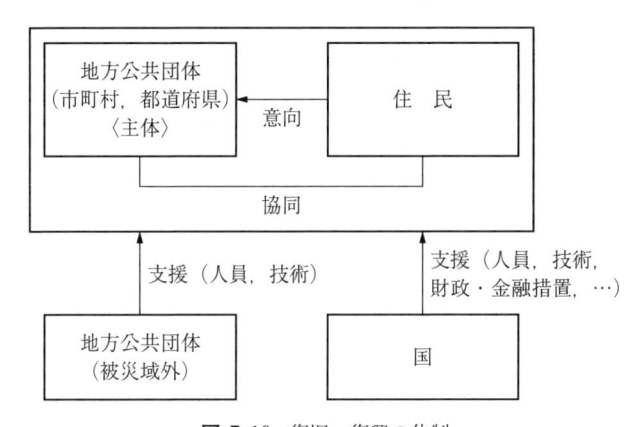

図 7.10 復旧・復興の体制

7.4.2 復旧・復興計画

被災地の地域行政は，被害の状況や地域の特性あるいは関係する公共施設管理者（ライフライン事業者など）の意向などを総合的に判断し，復旧・復興の基本方針として，「原状復旧」か「防災まちづくりなどの中・長期的な課題の解決を見込んだ計画的な復興」のどちらかを選択する。

原状復旧を目指すとすれば，必要な資材や人員を調達して被災した施設の復旧工事を迅速に行うことになる。

原状復旧に止まらず，将来の安全や地域振興を目指した復旧・復興を行うためには，それを念頭においた計画を作成しなければならない。このような対応が必要になるのは，大きな災害によって地域が全面的に壊滅した場合が多く，都市構造や産業基盤の改変を伴った計画が作成される。

これに伴う事業は，地方公共団体や国の省庁を始めとする多くの機関が関与する，複雑で大規模なものにならざるをえない。関係する機関の事業を調整し，体制づくりを行って，詳細な計画を作成することが必要になる。

防災まちづくりの考え方は予防対策に用いられるだけでなく，復旧・復興においても有用である。復旧・復興に伴う防災まちづくりは，災害に対する安全性を最も重要な課題としつつも，環境や景観の保全なども含む多面的な価値を創出する機会として利用できる可能性がある。ただし，これを実行するためには，復興後の地域の姿を明確にし，それに関する住民の合意を形成することが課題になる。

地域の復興と並行して，個々の被災者が生活を再建するための支援が必要であり，地域産業や中小企業の再建にも配慮しなければならない。基盤施設や公共建物だけが再建されたとしても，被災地に住む人々の暮らしがもとに戻らない限り，復旧や復興が達成できたことにはならない。

7.4.3 被災者の生活再建

被災した住民の生活再建は，現金（生活再建支援金）の支給，税金や社会保険料の免除や減額，生活再建のための貸付によって支援される。

[生活再建支援金の支給]

現金の支給による支援は，1998年に制定された被災者生活再建支援法によって行われる．この支援制度については，やや詳しい説明を**コラム5**に示したので参照してほしい．

法律によって被災者に支給される現金には，ほかに「災害弔慰金の支給等に関する法律（1973制定）」で定められた災害弔慰金（遺族に支給）と災害障害見舞金（心身に障害を負った被災者に支給）があるが，これらは文字どおり弔意や見舞の趣旨で支給される．因みに，災害弔慰金は「生計を主として維持」していた者が死亡した場合に500万円，それ以外の者の場合に250万円とされ，災害生涯見舞金は「生計を主として維持」していた者が障害を負った場合に250万円，それ以外の場合に125万円とされている．

災害救助法（1947制定）も被災者の生活支援を目的としたものではあるが，応急対策としての一時的な支援であり，復旧・復興あるいは生活再建を視野に入れたものではない点や，支援の方式が現物の支給に限られている点で，被災者生活再建支援法によって行われる，現金の支給による支援とは異なる性格をもっている．

地方公共団体の中には，被災者に現金を支給する制度を独自にもったものがある．例えば，兵庫県と神戸市は，阪神・淡路大震災（1995年）の被災者に住宅被害見舞金，重傷者見舞金，死亡者見舞金を支給した．また，鳥取県は鳥取県西部地震（2000年）の被災者に対し，住宅を再建する場合に300万円，住宅を補修する場合に150万円の「住宅復興補助金」を支給した．この事業は，2004（平成16）年に行われた被災者生活再建支援法の改正（居住安定支援制度の創設）に影響を与えることになった．

災害時の義援金（義捐金）は「共助」の一形態として社会に定着した観がある．義援金の募集は被災地の自治体や赤十字社あるいは報道機関などによって行われ，公的な支援金（公助）とは別に被災者に配分されている．

[税金や社会保険料の免除や減額]

被災者には税や社会保険料の免除または減額（減免）が行われ，災害によっ

コラム 5

被災者生活再建支援法

　この法律は，1995年の阪神・淡路大震災を契機として1998（平成10）年に制定され，その後，2004（平成16）年と2007（平成19）年の2度にわたって改正されている。

　法律の目的は当初，「（住宅の全壊や家財の損失のような）生活基盤に著しい被害を受けた者であって経済的な理由等によって自立して生活を再建することが困難なものに対し，（中略）被災者生活再建支援金を支給するための措置を定めることにより，その自立した生活の開始を支援する（第1条，かっこ内は筆者による）」とされ，世帯の年収が500万円未満で，住宅が全壊した世帯に対して，最大で100万円の支援金を支給する制度として成立した。支給された支援金は，家財道具の調達などのような，住宅の再建とは関わりのない用途に限られるという制約があった。

　2004（平成16）年の改正では，上限が100万円と定められた生活再建支援金のほかに，居住安定支援金の制度が追加された。居住安定支援金の上限は，全壊した自宅を再建する場合に200万円，大規模半壊した自宅を補修する場合に100万円などのように決められた。その用途は，住宅の解体や整地などに要する費用や，住宅を建て替えるために行った借入金の利子の支払いなどとされ，住宅を再建するための直接的な資金（建設代金）の一部としては使えないという制約があった。

　2007（平成19）年の改正では，法の目的を述べた条文から「経済的な理由等によって自立して生活を再建することが困難なもの」の部分が削除され，収入による支援対象の制限（収入要件）が廃止された。また，「（個々の被災者の）自立した生活の開始を支援する」という条文が「住民の生活の安定と被災地の速やかな復興に資する」と改められた。支援金の用途にも，住宅の建設や購入，あるいは補修のための費用の一部として使えるようにするという，大きな変更が加えられた。

　被災者生活再建支援金は，住宅の被害程度に応じて支給される基礎支援金（全壊，解体，長期避難：100万円，大規模半壊：50万円）と，住宅の再建方法に応じて支給される加算支援金（住宅の建設や購入：200万円，補修：100万円，賃借：50万円）の合計額とされた。

　支援金は，都道府県が相互扶助の観点から拠出した基金から支出され，基金からの支出額の2分の1に相当する額は，国が補助する定めになっている。

て発生した経済的な負担が軽減される。

　国税（所得税）については，「災害被害者に対する租税の減免，徴収猶予等に関する法律（1947年制定）」によって減免される。減免額は，住宅や家財の損害金額が時価の2分の1以上になったとき（保険金などにより補てんされる金額を除く），災害にあった年の所得額に従って，所得税の全額（所得額が500万円以下），2分の1（500万円を超え750万円以下），4分の1（750万円を超え1000万円以下）とされている。

　地方税についても，国税と同様な減免が行われる。市町村が課する税の減免の対象や程度は，住民税に関しては住宅の被害程度，固定資産税と都市計画税に関しては土地の被害面積（割合）や住宅の被害程度に応じて定められる。

　国民健康保険料や介護保険料などの社会保険料についても，住宅の被害に応じて，税と同様な措置がとられている。

〔生活再建のための貸付〕

　災害時には，「災害弔慰金の支給等に関する法律（1973年制定）」による災害援護資金や，「生活福祉資金貸付制度要綱（1990年制定）」による生活福祉資金のような福祉の要素をもった融資が，国の制度として行われている。生活福祉資金は法による制度ではないが，国が定めた要綱に従って実施されており，社会福祉協議会の事業として国の予算が措置されている。

　住宅に大きな被害を受け，再建や補修を希望する被災者を対象とした低利の貸付が，住宅金融支援機構によって行われる。

　住宅や事業を再建するために民間からの貸付を受けた被災者には，利子補給による支援が行われる。利子補給とは，特定の貸付を行った金融機関に対し，行政が利子の一部または全部に相当する金額を給付することを指し，これによって貸付を受けた被災者は利子の負担を軽減することができる。

7.4.4　公共施設の復旧事業費

　災害復旧事業を行った地方公共団体は，事業費に対する国庫補助を受けることができる。災害復旧事業に関する国の援助は，図7.11に示すように，災害

204 7. 災害対策と防災計画

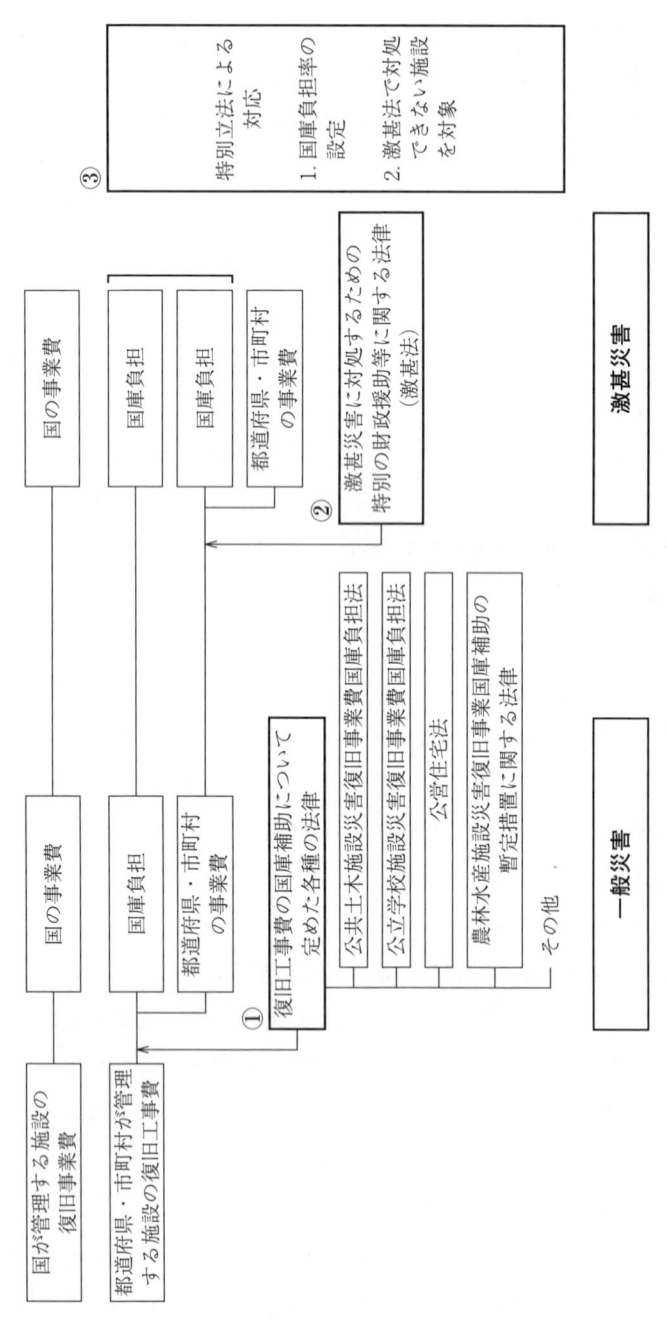

図 7.11 災害復旧事業の費用負担（地方の負担と国庫補助）

一般災害
- ① 復旧工事費の国庫補助について定めた各種の法律
  - 公共土木施設災害復旧事業費国庫負担法
  - 公立学校施設災害復旧事業費国庫負担法
  - 公営住宅法
  - 農林水産業施設災害復旧事業国庫補助の暫定措置に関する法律
  - その他

激甚災害
- ② 激甚災害に対処するための特別の財政援助等に関する法律（激甚法）
- ③ 特別立法による対応
  1. 国庫負担率の設定
  2. 激甚法で対処できない施設を対象

国の事業費 — 国が管理する施設の復旧事業費
国庫負担／都道府県・市町村の事業費 — 都道府県・市町村が管理する施設の復旧工事費

7.4 復旧・復興対策

の大きさによって2段階の水準で行われる。

一般の災害における復旧事業費の国庫負担に関して定めた法律には,「公共土木施設災害復旧事業費国庫負担法 (1951年制定)」や「公立学校施設災害復旧事業費国庫負担法 (1953年制定)」などがある。また,施設の建設や管理に関する法律の中で災害復旧について規定されている場合もある。

大きな災害が発生すると,国は,その災害を「激甚な災害」とよび,地方公共団体に対する特別の財政援助を行う。これに関する規定は「激甚災害に対処するための特別の財政援助等に関する法律 (1962年制定)」で定められている。この法律は「激甚法」と略してよばれることが多い。

激甚法の適用対象となるのは,国民経済に著しい影響を及ぼす災害や,「その災害による地方財政の負担を緩和し,または被災者に対する特別の助成を行うことが特に必要と認められる災害」とされ,政令によって指定される（激甚法　第2条)。

激甚法の適用対象となる都道府県や市町村は特別地方公共団体とよばれ,激甚法施行令 (第1条) によって指定基準が定められている。指定基準は,災害が発生した年度の「標準税収入」に対する「地方公共団体が負担する災害復旧事業費」の割合によって決められており,都道府県ならば20/100,市町村ならば10/100を超したときに特定地方公共団体に指定される。

激甚法による財政援助は,公共土木施設など (公立学校施設や公営住宅などを含む),農林水産業に関する施設,中小企業の事業協同組合等の施設,その他の施設 (罹災者向け公営住宅の建設を含む) を対象に行われる。

自然災害によって被害を受けることが多い施設であっても,「激甚法」の適用対象になっていない施設がある。例えば,水道 (上水道,簡易水道,工業用水道),屎尿処理施設,ごみ処理施設,医療機関などに関する規定は激甚法には含まれていない。これらの復旧事業に対する国庫負担が必要なときは,一つの災害に限った措置 (特別立法) が行われる。

演習問題

【1】 大きな自然災害では，地震や台風などの自然現象が原因になって，建物や基盤施設に被害が発生するだけでなく，それらの被害が原因になって，死者や負傷者の発生のような人的被害，ライフラインの停止などの機能的被害，あるいは被災者の避難生活や産業の停滞などのような社会的・経済的な被害が発生する。これらは，自然現象が直接の原因になって発生する物的な被害が直接被害とよばれるのに対し，間接被害や高次被害のようによばれ，それらが相互に関連しつつ伝播し，拡大していく様子は被害の連鎖や波及の問題として考究され，その成果は災害対策の立案に利用されている。

震災や風水害などの代表的な自然災害の中から一つの災害種別を選び，その災害の中で，どのような被害（直接被害，間接被害）がどのように発生し，どのように波及していくのかをできるだけ具体的にイメージし，図化せよ。

また，それぞれの被害に対し，どのような対策を適用することができるかを具体的にイメージし，それぞれの対策を事前対策（予防対策）と事後対策（応急対策，復旧・復興対策）に分類するとともに，誰が主体的に実施すべき対策と考えられるかを整理せよ（表を作って整理することを推奨する）。

【2】 あなたが住む地域に発生する恐れがある災害の種類を識別し，あなたやあなたの家族，あるいは近隣の人々が受ける可能性がある被害の種類を，生命や身体に関する事柄，財産に関する事柄，災害後の生活に関する事柄，復旧や復興の過程で直面するであろう事柄に分けて記述せよ。

また，それらの被害に対して，どのような備えをすればよいのかを考えるとともに，そのような備えをどのような行動によって実現すればよいのかを整理せよ（表や図を作って整理することを推奨する）。

引用・参考文献

1章
1) 力武常次監修：日本の自然災害，pp. 290〜382，pp. 427〜532，国会資料編纂会（1999）
2) 編集委員会編：液状化対策の調査・設計から施工まで，現場技術者のための土と基礎シリーズ 20，pp. 123〜174，地盤工学会（1993）
3) 日本道路協会編：道路橋示方書・同解説　V耐震設計編，日本道路協会（1996）
4) 京都大学防災研究所編：地域防災計画の実務，pp. 1〜36，鹿島出版会（1997）

2章
1) 力武常次監修：日本の自然災害，pp. 290〜382，pp. 427〜532，国会資料編纂会（1999）
2) 編集委員会編：液状化対策の調査・設計から施工まで，現場技術者のための土と基礎シリーズ 20，pp. 123〜174，地盤工学会（1993）
3) 日本道路協会編：道路橋示方書・同解説　V耐震設計編，日本道路協会（2012年2月一部改訂）
4) 京都大学防災研究所編：地域防災計画の実務，pp. 1〜36，鹿島出版会（1997）
5) 笠原慶一：地震の力学　近代地震学入門，pp. 28〜83，pp. 130〜138，pp. 163〜202，鹿島出版会（1983）
6) 土田　肇・井合　進：建設技術者のための耐震工学，pp. 8〜47，pp. 187〜202，山海堂（1991）
7) 大原資生：最新耐震工学，pp. 1〜22，森北出版（1998）
8) 土木学会編：動的解析と耐震設計　第1巻，pp. 1〜23，技報堂出版（1989）
9) 土岐憲三：構造物の耐震解析，新体系土木工学 11，pp. 8〜108，技報堂出版（1981）
10) 気象庁監修：震度を知る—基礎知識とその活用—，pp. 76〜77，ぎょうせい（1996）
11) 片山恒雄・宮田利雄・国井隆弘：構造物の振動解析，新体系土木工学 10，pp. 13〜44，pp. 129〜130，pp. 188〜192，技報堂出版（1981）
12) 編集委員会編：阪神・淡路大震災調査報告，土木構造物の被害，第2章トンネル・地下構造物，第3章土構造物，第5章港湾・海岸構造物，第6章河川・砂防関係施設，土木学会（1997，1998）

- 13) 宮島昌克：地震被害調査資料より提供（1995）
- 14) 大崎順彦：地震動のスペクトル解析入門，鹿島出版会（1976）
- 15) 星谷　勝：確率論手法による振動解析，pp.5〜111，鹿島出版会（1974）
- 16) 土木学会編：動的解析と耐震設計第2巻，pp.65〜74，技報堂出版（1989）
- 17) 気象庁：気象庁震度階級の解説，気象庁HP（URL，http://www.jma.go.jp/jma/kishou/know/shindo/kaisetsu.html）（2009）

3章

- 1) 荒木正夫・椿東一郎：水理学演習　下巻，p.138〜147，森北出版（1962）
- 2) ヘースティングス：電子計算機のための最良近似法，p.191，東京図書（1973）
- 3) 日野幹雄：土を築き木を構えて―私の土木史―，p.12，森北出版（1994）
- 4) 石井一郎・丸山暉彦・元田良孝・亀野辰三・若海宗承：防災工学，第2版，森北出版（2005）
- 5) 末次忠司：河川の減災マニュアル，山海堂（2004）
- 6) 平野宗夫・疋田　誠：1993年鹿児島豪雨災害浸水図，徳田屋書店（1994）
- 7) 疋田　誠・萩木場一水・澤田誠司：要援護者情報等を取り入れた洪水ハザードマップの改善，土木学会第64回年次学術講演会講演概要集，pp.419〜420（2009）
- 8) 平野宗夫・疋田　誠・森山聡之：活火山流域における土石流の発生限界と流出規模の予測；第30回土木学会水理講演会論文集；pp.181〜186（1986）
- 9) 鹿児島県土木部砂防課：安全・安心な郷土かごしまを創るために（2013）
- 10) 池谷　浩：土石流災害，岩波書店（1999）

4章

- 1) 橋立洋一：国民と国土を守る，明日へのJCCA，第207号，p.30，社団法人建設コンサルタンツ協会（2000）
- 2) 光易　恒：海洋波の物理，p.2，岩波書店（1995）
- 3) 土木学会海岸工学委員会：日本の海岸とみなと　第2集，p.92，p.95，土木学会（1994）
- 4) 気象庁ホームページ
  http://www.data.jma.go.jp/fcd/yoho/typhoon/route_map/bstv2000s.html（2013）
- 5) NOWPHAS 2005：独立行政法人 港湾空港技術研究所，資料No.1161，全国港湾海洋波浪観測年報（2005）
- 6) 高橋重雄：波エネルギー変換装置の現状について，1993年（第29回）水工学に関する夏期研修会講義集，土木学会海岸工学委員会・水理委員会，pp.93-B-1〜20（1993）
- 7) 尾崎　晃：消波構造論，水工学シリーズ，B-65-17，土木学会（1965）

8) 海岸施設設計便覧　2000年版，pp. 98～104，土木学会（2000）
9) 岩垣雄一：最新海岸工学，pp. 123～126，森北出版（1987）
10) 近藤俶郎・竹田英章：消波構造物，pp. 180～182，森北出版（1983）
11) 国土交通省のホームページ
   http://www.mlit.go.jp/river/pamphlet_jirei/kaigan/kaigandukuri/takashio/3saigai/03-2.htm（2007）
12) 大矢雅彦・木下武雄・若松加寿江・羽鳥徳太郎・石井弓夫：自然災害を知る・防ぐ　第二版，p. 127，古今書院（1996）
13) 熊本県防災情報ホームページ
   http://cyber.pref.kumamoto.jp/bousai/content/asp/topics/topics_detail.asp?PageID=12&ID=18&pg=1&sort=0&PageType=list（2013）
14) 国土交通省近畿地方整備局：高潮の被害からまちを守る河川・海岸防潮の取り組み，ゼロメートル地帯を高潮から守る日本最大級の尼崎閘門，ふれあい近畿200609，pp. 2～8（2006）
15) 首藤伸夫・今村文彦・越村俊一・佐竹健治・松冨英夫：津波の辞典，p. 20，朝倉書店（2007）
16) Trifunac, M. D., Todorovska, M. I.：A note on differences in tsunami source parameters for submarine slides and earthquake, Soil Dynamics and Earthquake Engineering 22, pp. 143～155（2002）
17) 渡辺偉夫：日本被害津波総覧　第2版，pp. 66～224，東京大学出版会（1998）
18) 首藤伸夫：津波対策のあり方，土木学会水理委員会　水工学シリーズ84-B-7，pp. B-7-1-17，土木学会（1984）
19) 原口　強・岩松　暉：東日本大震災津波詳細図上巻，p. 30，古今書院（2011）
20) 渡辺偉夫：日本被害津波総覧　第2版，東京大学出版会，p. 5（1998）
21) 大塚　隆：日本海中部地震が教えるもの，科学朝日8月号，p. 56（1983）
22) 独立行政法人 防災科学技術研究所ホームページ
   http://dil.bosai.go.jp/workshop/01kouza_kiso/tsunami/f4.html/
23) 独立行政法人 港湾空港技術研究所 調査結果：GPS波浪計全地点における津波の観測結果について，http://www.pari.go.jp/files/3651/303113448.pdf
24) 日野幹雄：NHK市民大学　流れの科学，pp. 28～29，NHK出版（1984）
25) 前掲20），p. 30.
26) 前掲20），p. 6.
27) 岡田正美・谷岡勇市郎：地震の規模・深さと津波の発生率，月刊海洋/号外 No.15，p. 19（1998）
28) 安藤　昭：X字型大津波防潮堤，土木学会誌　Vol. 83, June, pp. 16～17（1998）
29) 宮古市提供
30) 海岸施設設計便覧2000年版，p. 468，土木学会（2000）
31) 外岡秀俊：3.11複合被災，岩波新書，p. 40（2012）

32) 三重県大紀町ホームページ
http://www.town.taiki.mie.jp/hpdata/_images/Media/tower-2.pdf（2013）
33) 公益社団法人 土木学会関東支部新潟会のホームページより
http://www.eng.niigata-u.ac.jp/~applmech/jsce/article/026/art026.html（2013）
34) 前掲3)，p.6
35) 水村和正：海岸海洋工学，p.143，共立出版（1992）
36) 土木学会水理委員会：水理公式集 平成11年版，pp.509，土木学会（1999）
37) 前掲3)，p.11
38) 椹木 亨監修：環境圏の新しい海岸工学，p.994，フジテクノシステム（1999）
39) 前掲3)，p.98
40) 前掲3)，p.53
41) 前掲3)，p.60
42) 前掲3)，p.62
43) 前掲3)，p.66
44) 前掲3)，p.68
45) 吉田和郎：天橋立海岸におけるサンドバイパス事業，明日へのJCCA，第207号，p.34，社団法人建設コンサルタンツ協会（2000）
46) 前掲3)，p.70
47) 国土交通省東北地方整備局仙台河川国道事務所ホームページ：
http://www.thr.mlit.go.jp/sendai/kaigan/sougou/answer.htm，2008年4月取得
48) 気象庁ホームページ：IPCC第4次評価報告書統合報告書政策決定者向け要約（文部科学省・経済産業省・気象庁・環境省）の中から図SPM.1.，p.3，
http://www.data.kishou.go.jp/climate/cpdinfo/ipcc/ar4/index.html，2013年10月取得
49) 気象庁ホームページ：気候変動に関する政府間パネル（IPCC）第5次評価報告書第1作業部会報告書（自然科学的根拠）の公表について
http://www.jma.go.jp/jma/press/1309/27a/ipcc_ar5_wg1.html 2013年10月取得
50) 前掲48)，図SPM.5.，p.7.

5章

1) 地盤工学会編：濃尾平野の地盤─沖積層を中心に─，ジオテクノートシリーズ15，pp.35～37（2006）
2) 赤木知之・吉村優治・上 俊二・小堀慈久・伊東 孝：土質工学，環境・都市システム系教科書シリーズ，コロナ社（2001）
3) 地盤工学会編：地盤調査の方法と解説（2004）
4) 地盤工学会編：地盤材料試験の方法と解説（2009）

5) 松澤　勲監修：自然災害科学事典，p.317，築地書館（1988）
6) 地盤工学会編：地盤工学ハンドブック，pp.1364～1397（1999）
7) 前掲1），pp.80～83
8) 吉見吉昭：砂地盤の液状化（第二版），第2章 液状化のメカニズム，pp.5～18，技報堂出版（1991）
9) 日本港湾協会：港湾の施設の技術上の基準・同解説，pp.2-168～2-171（1979）
10) 土の活用法入門編集委員会：土の活用法入門，入門シリーズ27，3章 土を見分ける意味合い，4.4節 液状化問題 5）液状化の予測（1），地盤工学会（2003）
11) 前掲10），5章 土の有効利用を考える，2．土の種類と対策工法 2.2 対策工法の種類と分類，地盤工学会（2003）
12) 前掲6），pp.1324～1363，地盤工学会（2003）

6章

1) 松澤　勲監修：自然災害科学事典，築地書館（1988）
2) 石井一郎編：防災工学（第2版），pp.48～70，森北出版（2005）
3) 萩原幸男編：災害の事典，pp.49～88，朝倉書店（1992）
4) 力武常次監修：日本の自然災害，pp.20～24，pp.382～424，国会資料編纂会（1999）
5) 力武常次監修，荒牧重雄著：近代世界の災害，2章火山災害，pp.145～184，国会資料編纂会（1996）

7章

1) 中央防災会議：防災基本計画（平成24年9月修正版）（2012）
2) 内閣府：（首都直下地震被害想定）被害想定結果について（2006）
3) 中央防災会議：南海トラフ巨大地震の被害想定について，第1次報告（2012）；第2次報告（2013）
4) 東京都（東京都防災会議）：首都直下地震による東京の被害想定報告書（2012）
5) 内閣府：災害に係る住家の被害認定基準運用指針（2003）
6) 日本建築防災協会：被災建築物応急危険度判定マニュアル（1998）

演習問題解答

2章

【1】 地球の表面付近の地殻はプレートとよばれる厚い板状のもので覆われており，プレートはその下のマントルとよばれる部分の動きに沿ってマントル上を移動する。マントルは海洋の中央部（海嶺）から地殻表面に出てきて海洋の周辺部へと移動し，大陸部に近い海溝とよばれるところで地殻内部に潜り込むように動いている。プレートの潜り込む付近がプレート境界にあたる。海洋から動いてきたプレートが陸側のプレートの下に潜り込むとき陸側のプレートに圧力がかかり，これにひずみが蓄積していく。このような理論をプレートテクトニクス理論という。

日本の国土は大きく四つのプレート（北米プレート，太平洋プレート，ユーラシアプレート，フィリピン海プレート）が接している場所に位置しており，それらのプレートがたがいに力をかけ合っている。プレート同士が接する付近はトラフ（海溝）とよばれ，相模トラフ，駿河トラフ，南海トラフ，日本海溝，千島海溝などがある。このため，海洋プレートによる地震および日本の内陸部のいろいろな部分でひずみが蓄積し，断層が生じて直下型の地震を引き起こすことになる。

【2】 $M_J = \log a + 1.73 \log \Delta - 0.83 = \log 200 + 1.73 \log 150 - 0.83$
$ = 2.301 + 1.73 \times 2.176 - 0.83 = 5.235$

この地震のマグニチュードは5.2となる。

【3】 （1） 縦波，疎密波あるいはP波：変位 u と波動の進行方向が同じ。
横波，ねじれ波，せん断波あるいはS波：変位 v と波動の進行方向が直角となる。

（2） 波動が伝播しているある瞬間における媒体内の微小直方体を考える。この微小直方体において波動進行方向および進行直角方向の動的な力の釣合いを考えると，それぞれ，慣性力＝変形による力の関係から，P波およびS波の波動方程式が次式で表される。

$$\rho \frac{\partial^2 u}{\partial t^2} = (\lambda + 2\mu) \frac{\partial^2 u}{\partial x^2} \qquad \rho \frac{\partial^2 v}{\partial t^2} = \mu \frac{\partial^2 v}{\partial x^2}$$

両式の右辺の係数を密度で割ったものはそれぞれP波，S波の伝播速度

の2乗を表しており，それぞれ V_P, V_S とするとそれらは以下のように表される。

$$V_P = \sqrt{(1-\nu)E/\{(1+\nu)(1-2\nu)\rho\}},$$
$$V_S = \sqrt{\mu/\rho}$$

【4】1自由度系において相対変位 u の振幅と位相差を測定することは容易であり，これらを記録することが，地震動の振幅 U_g を求める地震計の原理である。

ここで，1自由度系の固有円振動数 ω_0 と地震波の円振動数 ω が，$\omega/\omega_0 \ll 1$ となるように ω_0 を設計した場合，上式の振幅と位相差 α は

$$A \fallingdotseq \left(\frac{\omega}{\omega_0}\right)^2 U_g, \qquad \alpha \fallingdotseq 0$$

となり

$$u \fallingdotseq \left(\frac{\omega}{\omega_0}\right)^2 U_g \cos\omega t = -\frac{\ddot{u}_g}{\omega_0^2}$$

相対変位 u は地震波の加速度を測定できることになる。

したがって $\omega/\omega_0 \ll 1$ となるように ω_0 を設計した場合，加速度地震計となる。

【5】（1） $a = 144 \times 1\,000/3\,600/40 = 144\,000/3\,600/40 = 40/40 = 1.0\,\mathrm{m/s^2}$
（2） $F = ma = 60/9.8 \times 1.0 = 6.122\,\mathrm{kgf}$

【6】多くの設計指針等では表層地盤の平均固有周期の算定に次式が用いられる。

$$T_G = \sum_i \left(\frac{4H_i}{V_{si}}\right)$$

問図 2.1 の場合に適用すると

$$T = \frac{4 \times 2.5}{50} + \frac{4 \times 5}{100} + \frac{4 \times 5}{40} + \frac{4 \times 8}{80} + \frac{4 \times 6}{120}$$
$$= 0.2 + 0.2 + 0.5 + 0.4 + 0.2 = 1.5\,\mathrm{sec}$$

【7】（1） くい違い理論

地震の発生メカニズムの説明として，地震は地盤に生じるひずみ蓄積を引き起こす力によって生じるものであり，断層部分に相当する岩石の破壊現象にともなって発生する。このように，断層面の両側がくい違うことにより説明される理論のことである。

（2） 正断層と逆断層の違い

断層の両側が鉛直方向にずれる場合に，上盤が下盤より鉛直下方に動く場合を正断層，上盤が下盤より上方にずれる場合を逆断層という。

【8】本文 2.4 節参照。

【9】橋が保有すべき耐震性能は三つに分類され，それぞれの性能と設計地震動との対応は以下のようになる。

[耐震性能1]

　　地震によって橋としての健全性を損わない性能

　　レベル1地震動　　A種の橋・B種の橋両方とも

[耐震性能2]

　　地震による損傷が限定的なものにとどまり，橋としての機能の回復が速やかに行い得る性能

　　レベル2地震動（タイプⅠ・タイプⅡどちらも）　　B種の橋

[耐震性能3]

　　地震による損傷が橋として致命的とならない性能

　　レベル2地震動（タイプⅠ・タイプⅡどちらも）　　A種の橋

【10】震度法は，地震動を受ける構造物に生じる慣性力が構造物の質量に比例することを利用し，設定した水平加速度に構造物の質量を乗じて得られる力を，構造物に作用する力とみなして構造設計を行う方法である。この方法では，地震時の構造物の安定や部材の応力計算を常時の解析と同様に簡単に行うことができるため，多くの構造物の耐震設計に採用されている。

地震時保有水平耐力法は，構造物の非線形域の変形性能や動的耐力を考慮して地震による荷重を静的に作用させて設計する耐震設計法である。この設計法は，構造物の供用期間中に発生する確率は低いものの，大きな強度をもつ地震動に対して，地震時保有水平耐力，許容塑性率，残留変位，またはこれらの組合せによって耐震設計を行うものであり，この方法と前述の震度法との二つの設計法を地震動強度のレベルに対応して使い分けることよって，合理的かつ経済的な設計を意図する。

【11】直接積分法の例として，線形加速度法について記述する。次式のような1自由度系の運動方程式を考える。

$$m\ddot{u} + c\dot{u} + ku = P(t) \quad (1)$$

ある時刻 t（$=ndt$：n 番目時刻）における変位，速度および加速度がわかっているものとし，短い時間間隔 dt で加速度の変化が直線的であると仮定すると，時刻 $t+dt$ における変位と速度は，時刻 t における変位 u_n，速度 $\dot{u}_n$ および加速度 $\ddot{u}_n$ と時刻 $t+dt$ における加速度 $\ddot{u}_{n+1}$ により次式のように表される。

$$u_{n+1} = u_n + \Delta t \dot{u}_n + \frac{\Delta t^2}{6}(2\ddot{u}_n + \ddot{u}_{n+1}), \quad \dot{u}_{n+1} = \dot{u}_n + \frac{\Delta t}{2}(\ddot{u}_n + \ddot{u}_{n+1}) \quad (2)$$

時刻 $t+dt$ における加速度は運動方程式（1）より

$$\ddot{u}_{n+1} = \frac{P_{n+1} - c\dot{u}_{n+1} - ku_{n+1}}{m} \quad (3)$$

と表される。式（2）と（3）を連立して $n+1$ 番目時間における変位，速度および加速度について解くと，1つ前の n 番目時間における変位，速度および加

速度より，つぎの $n+1$ 番目時間における変位，速度および加速度を求めることができる。初期条件が与えられると，上記の計算を繰り返すことによって各時間ステップにおける応答が順次計算できる。

3章
【1】本文 *3.1* 参照。　【2】本文 *3.2* 参照。　【3】本文 *3.3* 参照。
【4】本文 *3.4* 参照。　【5】本文 *3.5* 参照。

4章
【1】　海底地震，海底火山，海底地すべりなど。
【2】　模型縮尺を考える。
$$\frac{\rho H_0}{(\rho_s - \rho)d_{50}} \quad \text{と} \quad \frac{H_0}{L_0}$$
の値をそれぞれ変化させて，長時間波を当て実験を繰り返す。
【3】　単位時間，単位幅当りに輸送される波のエネルギー W は以下の式で表され
$$W = nEC$$
ここに E は水面の単位面積当りの水のもつ波の平均の全エネルギーで
$$E = \frac{1}{8}\rho g H^2$$
$$n = \frac{1}{2}\left(1 + \frac{2kh}{\sinh(2kh)}\right)$$
h は水深，$k = \dfrac{2\pi}{L}$：波数，L は波長，g は重力加速度，H は波高，C は波速である。

解図 *4.1* の断面 0 と断面 1 での単位時間当りに輸送されるエネルギーは等しく
$$n_0 E_0 C_0 b_0 = n_1 E_1 C_1 b_1$$
$$n_0 \frac{1}{8}\rho g H_0^2 \sqrt{gh_0}\, b_0$$
$$= n_1 \frac{1}{8}\rho g H_1^2 \sqrt{gh_1}\, b_1$$
$$\left(\frac{H_1}{H_0}\right)^2 = \frac{\sqrt{gh_0}}{\sqrt{gh_1}}\frac{b_0}{b_1}\frac{n_0}{n_1}$$

$n_0 = n_1$ とすれば（深海では $n=1/2$），次式となる。

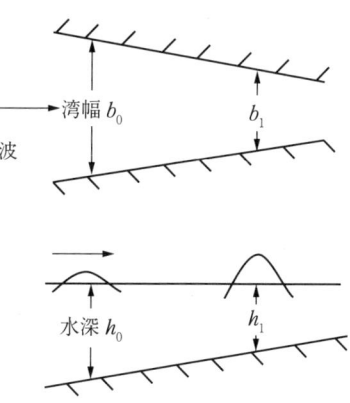

解図 *4.1*

$$\frac{H_1}{H_0} = \left(\frac{h_0}{h_1}\right)^{\frac{1}{4}} \left(\frac{b_0}{b_1}\right)^{\frac{1}{2}}$$

【4】 h を仮定して，$L = \frac{gT^2}{2\pi}\tanh\left(\frac{2\pi h}{L}\right)$ から波長 L を求め，第2式の右辺の値を計算する．その結果が左辺の $\sinh\left(\frac{2\pi h}{L}\right)$ の値と同じになるまで繰り返し計算をする．

$\qquad h_i = 5.62$ m

以上の式から d が小さくなる，H_0/L_0 が大きい，H が大きい場合には移動限界水深 h_i は大きくなることがわかる．

【5】 1952年 予報が開始された．過去の経験的データから推定．17分を要した．
1980年 コンピューターによるデータ収集の自動化が図られた．14分に短縮．
1993年 予報の自動化．7分以内．
1994年 3分程度．
1999年 津波数値予報．

以上のように経験，手作業からコンピューターによる自動化が図られ，数値予報されるように改善されている．

【6】 津波観測ブイの位置から岸方向に x 軸をとり，ある場所 x での水深を h とする．ブイから岸までの水平距離は 50 000 m である．

$$h = \frac{(50\,000 - x) \times 200}{50\,000} = 200 - \frac{1}{250}x$$

$200 - \frac{1}{250}x = t$ とおくと $dx = -250\,dt$

$$\int_0^{50\,000} \frac{dx}{\sqrt{gh}} = \int_0^{50\,000} \frac{dx}{\sqrt{g\left(200 - \frac{1}{250}x\right)}} = \int_{200}^0 \frac{-250\,dt}{\sqrt{gt}}$$

$$= \int_0^{200} \frac{250\,dt}{\sqrt{gt}} = \frac{250}{\sqrt{9.80}} \int_0^{250} \frac{dt}{\sqrt{t}} = 79.86\left[2t^{\frac{1}{2}}\right]_0^{200} = 2\,258.8 \text{ sec}$$

$$= 37 \text{ 分 } 38 \text{ 秒}$$

(解) 0時37分38秒

【7】 $W = \dfrac{2.6 \times 1.03 \times 9.80 \times 3.0^3}{4 \times (2.6-1)^3 \times 2} = 21.6$ kN

【8】 案Aは低くした導流堤部分から，漂砂を受けトラップにためることができるが，航路に対して波浪の影響が出る心配がある．

【9】 地震エネルギーの大きさをマグニチュード M で表すのに対し，津波のエネルギーの大きさを表すのが津波マグニチュード m である．

【10】 (1) 台風

(2) ① 台風（熱帯性低気圧）の気圧が低い（吸い上げ効果）
② 風速が大きい（吹き寄せ効果）
③ 南に開いた湾
④ 危険半円が湾を通過するような台風のコースをとる
⑤ 満潮時に台風が通過する

【11】（1）上で述べた地域に津波は来襲することが予想されます．地域によっては津波は2mの高さまで達するでしょう．海岸近くの皆さんは高所へ避難してください．

（2）津波高さ

【12】（1）砂防ダムによる土砂の遮断，（2）貯水ダムによる土砂の遮断（最近では排砂ダム，バイパストンネルによる排砂などもできている），（3）防波堤など人工構造物による沿岸漂砂の遮断，（4）浚渫や土砂採取，（5）海谷への流出，（6）海岸保全施設の設置による海食崖からの土砂供給の減少など．

【13】横軸の地震マグニチュードMの座標軸を延長し，M＝9.0の線と震源深さh＝24kmの線の交点にlarge tsunamiの印●を記入する．

【14】横軸に地震マグニチュードMをとり，縦軸に津波マグニチュードmをとったグラフを描く．

【15】現在地の海抜高，避難場所への誘導（矢印，地図など），夜でもわかりやすい，文章はなるべく少なく，英語での併記が望ましい，外国人や子供にもわかりやすいピクトグラム，また，どのくらいの高さの津波が来たか，予想されるかなどが書かれていること．

5章

【1】原位置における土の硬軟，締まり程度を知る指標となるN値を求めるために行う試験．N値とは，ボーリング孔を利用し，ロッドの先端に5.1±0.1cm，長さ81.0±0.1cmの標準貫入試験用サンプラーを付けたものを，<u>質量63.5±0.5kgのドライブハンマー（もんけん）を76m±1cmの高さから自由落下さ</u>せて，ボーリングロッド頭部に取り付けたノッキングブロックを打撃し，ボーリングロッド先端に取り付けた標準貫入試験用サンプラーを地盤に原則15cmの予備後，本打ちとして<u>30cm打ち込むのに要する打撃回数</u>．N値は，原則1mごとに測定する．

【2】図5.4に示したように，地下水面の低下により有効土かぶり圧が増加する．地下水位は，工業用（雪国では消雪用）の揚水などにより，広い範囲で低下するため，地下水の汲上げにより広域地盤沈下を引き起こす．

【3】表5.2[11]参照．
液状化による被害対策としては，液状化の発生そのものを防ぐための方法と

構造物の被害を軽減するための補強工法などがある。

液状化防止のための地盤改良の方法には，密度増大（グラベルドレーン工法，地下水位低下工法，サンドコンパクション工法，動圧密工法など），固結，置換などさまざまな方法がある。

【4】地すべりの対策工法は，抑制工と抑止工に区分される。

抑制工は，地すべり地の地形，地下水の状態などの自然条件を変化させることによって，地すべりの滑動力と抵抗力のバランスを改善し，地すべり運動を停止または緩和させる工法である（主として5.6.2項で示した〔1〕発生を防止する方法に対応）。

抑止工は，構造物のもつ抵抗力を利用して地すべり運動の一部または全部を停止させる工法である（主として5.6.2項で示した〔2〕発生を前提とした方法に対応）。

代表的な対策工法には以下のようなものがある。

＜抑制工＞
・地表水排除工（水路工，浸透防止工）
・地下水排除工（横ボーリング工，集水井工，排水トンネル工）
・排土工
・押え盛土工
・河川構造物（ダム工，床固工，護岸工）

＜抑止工＞
・杭工
・シャフト工
・アンカー工

下記に代表的対策工法の概要を記す。

横ボーリング工 横ボーリング工は，水平やや上向きに行ったボーリング孔にストレーナ加工した保孔管を挿入し，それによって地下水を排除することにより，すべり面に働く間隙水圧の低減や地すべり土塊の含水比を低下させる工法である。

このため，効果的に地下水位を低下させるよう，設計に際しては地すべり地域のみならず，周辺の地形・地質および地下水調査等から，帯水層の分布，地下水の流動層を推定して，最も効果的に集水できるようにボーリングの位置，本数，方向および延長を決定する必要がある。対策工効果を恒久的に持続するためには定期的なメンテナンスが重要である。

集水井工 集水井工は，集水用の井戸を掘削する工法で，深いすべり面位置で集中的に地下水を集水しようとする場合や，横ボーリングの延長が長くなりすぎる場合に用いられる。

集水井は内径3.5～4.0mの円形の井筒であり，その井筒内の集水ボーリングからの集水効果に主眼をおくが，井筒自身の集水効果を得るために，井筒の壁面に集水孔を設ける場合がある。

移動層内には複数の地下水帯が存在するので，井筒からの集水ボーリングは，すべり面に直接関与する地下水帯の地下水を効率よく集水できるように施工する必要がある。対策工効果を恒久的に持続するためには，集水ボーリングの定期的なメンテナンスが重要である。

排水トンネル工 排水トンネル工は，地すべり規模が大きい場合や地すべりの移動層厚が大きい場合などで，集水井工や横ボーリング工のみでは効果が得にくい場合に計画される。

排水トンネル工は，トンネルからの集水ボーリングや集水井工との連結などによって，すべり面に影響を及ぼす地下水を効果的に排水できるよう設計する。

トンネルの位置は原則として不動地盤内とし，地すべりに影響を与える地下水脈の分布およびそれに対する地下水排除効果の効率性などを総合的に判断して定める。対策工効果を恒久的に持続するためには集水ボーリングの定期的なメンテナンスが重要である。

排土工 排土工は，原則として地すべり土塊の頭部の荷重を除去することにより，地すべりの滑動力を低減させるものである。排土工を計画する場合には，その上方斜面の潜在的な地すべりを誘発する可能性がないか，事前に十分な調査・検討を行うことが必要である。上方斜面の地すべりの規模が大きい場合には，本工法の計画は見合わすべきである。

押え盛土工 押え盛土工は，原則として地すべり土塊の末端部に盛土を行うことにより，地すべり滑動力に抵抗する力を増加させるものである。盛土部の下方斜面に潜在性の地すべりがある場合には，これを誘発する可能性があるため，押え盛土の設計に当たっては，盛土部基盤の安定性についての検討を行う必要がある。

盛土位置での地下水の透水層が浅部にある場合，または地すべり末端部で地下水が侵出しているような場合には，押え盛土やその荷重によって地下水の出口が塞がれたり，背後部の地下水位が上昇したりして斜面が不安定になる恐れがあるため，地下水の処置には十分注意する必要がある。

杭工 杭工は，杭を不動地盤まで挿入することによって，せん断抵抗力や曲げ抵抗力を付加し，地すべり土塊の滑動力に対し，直接抵抗することを目的として計画されるものである。地すべり地では，通常，鋼管杭が多く用いられる。最近では外径1 000 mmを超える大口径の鋼管杭も利用されるようになり，必要とする地すべり抑止力が大きい場合にも対応できるようになってい

る。

シャフト工　シャフト工は，地理的な制約などから杭工の打設機械等が搬入できない場合や，大口径ボーリングに伴う地下への送水によって地すべりを助長させる恐れがある場合などに採用されるもので，直径 $2.5 \sim 6.5\,\mathrm{m}$ の縦坑を不動地盤まで掘り，これに鉄筋コンクリート構造の場所打ち杭を施工する工法である。大規模な削孔機械を使用しないため，同時に数基の施工が可能であるというメリットもある。

通常は剛体杭として設計するが，すべり面深度が深く杭長が長くなる場合はたわみ杭として設計することもある。

また，シャフトを中空にして集水井工を兼ねる例もある。

アンカー工　アンカー工は，基盤内に定着させた鋼材の引張強さを利用して，地すべり滑動力に対抗しようとするもので，引張効果あるいは締付け効果が効果的に発揮される地点に計画される。

アンカーは基本的には，アンカー頭部（反力構造物を含む），引張部およびアンカー定着部（アンカー体および定着地盤）の三つの構成要素により成り立っており，アンカー頭部に作用した荷重を引張部を介して定着地盤に伝達することにより，反力構造物と地山とを一体化させて安定させる工法である。

【5】例えば，「全国77都市の地盤と災害ハンドブック，丸善出版，2013.1.30 発行」が参考になる。

6 章
【1】本文 6.1 節参照。　【2】本文 6.2 節参照。　【3】本文 6.3 節参照。
【4】本文 6.4 節参照。

7 章
【1】，【2】　すべて各自で調べること。

索　　引

【あ】
圧密沈下　　139
アテニュエーション式　　22
尼崎閘門　　88
安全性　　30
安定重量　　128

【い】
異形コンクリートブロック　　77, 79
異常気象　　54
伊勢湾台風　　72, 81, 83, 168
位相差　　20
移動限界水深　　120
稲村の火　　117

【う】
有珠山　　158
打上げ高さ　　77
うねり　　73
裏込め土砂　　28

【え】
エアロゾル層　　164
液状化　　2, 22, 24, 144
越波　　77, 128
越波量　　79
沿岸砂州　　121
円振動数　　19

【お】
応急危険度判定　　197
応急対策　　171
応答スペクトル　　31, 38
応答変位法　　31
大津波警報　　93
オープンスペース　　183

【か】
海岸災害　　71
海岸侵食　　118
海岸法　　72
海水の吹き寄せ　　86
改正メルカリ震度階　　14
回折　　105
海面上昇　　126, 128
海面の吸い上げ　　86
確率水文量　　50
確率の解析　　42
火口　　156
河口導流堤　　125
河口閉塞　　119
火砕物　　158
火砕流　　159
火山ガス　　156
火山岩塊　　157
火山砕屑物　　165
火山性微動　　161
火山弾　　157
火山灰　　157
火山噴火　　155
河川激甚災害対策特別緊急事業　　55
河川法　　51
加速度応答スペクトル　　38
活火山　　157
活断層　　11, 30
活動体制の構築　　192
カルデラ　　156
間隙水圧　　136
間欠泉　　157
慣性力　　13, 32
環太平洋火山帯　　5
関東地震津波　　96
岩盤崩落　　152
管路構造物　　19

【き】
危険半円　　83, 86
気候変動に関する政府間パネル　　127
基準海水面　　101
基準振動形　　40
気象災害　　4
基礎地盤　　19
既存不適格　　184
キティ台風　　71
逆断層　　9
逆変換　　41
救助　　195
橋脚　　24
共助　　179
強震観測　　21
強震記録　　21, 22
強度定数　　136
供用性　　30
巨大地震　　3
許容塑性率　　34
距離減衰　　22
緊急地震速報　　108

【く】
屈折図　　105
国づくり　　181

索引

グリーンの法則式　103

【け】
慶長地震津波　97
激甚な災害　205
激甚法　205
ケーソン　28
減衰1自由度系　19
減衰定数　20

【こ】
広域の地盤沈下　140
豪雨災害　46
公助　179
高所移転　110
洪水ハザードマップ　54, 61
構造物特性補正係数　35
降灰　158
閘門　74
港湾施設　28
港湾埋没　119
護岸　79
心のケア　197
固有円振動数　20, 21
固有周期　19, 23
固有振動数　22
コリオリ効果　74

【さ】
災害応急対策　171
災害救助基金　195
災害救助法　190
災害時要援護者　176
災害時要援護者避難支援
　制度　62
災害脆弱性　173
災害対策基本法　6, 110, 167
災害の進化　169
災害復旧・復興　171
災害予防　171
サイクロン　86

再現期間　47
最高波高　74
最大応答　29
砕波　73
サウンディング　137
砂嘴　121
砂防ダム　165
サンドバイパス工法　124
サンドリサイクル工法　124
三陸型津波　103

【し】
ジェーン台風　71
市街地再開発事業　182
時間領域解析　39
時刻歴応答解析法　31
事故災害　169
事後対策　172
自助　179
支承部　24
地震計　19
地震時保有水平耐力法　31
地震断層　9
地震動　19
地震のエネルギー　13
地震の強さ　13
地震波　18
地震波動　25
地震被害想定　188
地震防災　3
地震マグニチュード　107
地震モーメント　13
地すべり　5, 149
　——による津波　92
自然災害　169
事前対策　172
実体波　19
室内土質試験　138
質量　20, 32
地盤改良　147
地盤種別　22, 33

地盤沈下　3, 26, 138
地盤ひずみ　24, 25
地盤変位　19
斜面崩壊　5, 151
周期　19
集中豪雨　4
周波数応答関数　42
周波数領域解析　39
修復性　30
重力式岸壁　28
照査　31
常時微動　23
消波工　77, 79
昭和三陸津波　91
震央　11
震央距離　12, 22
震源　11
震源要素　108
人工地盤　116
人工リーフ　123
侵食　79
侵食対策工法　120, 122
深層崩壊　151
震度　12, 13
振動数　19, 21
振動制御　44
振動特性　32
振動モード形　39
震度階　13, 14
震度法　2, 31
振幅　19

【す】
水蒸気爆発　157
水蒸気噴火　156
吹送距離　72
吹送時間　73
水門　74
水文学　47
水文統計学　50
水文量　47

索　引　　223

数値積分	39	耐震診断	184	津波警報	111
スコリア	160	耐震性能	30, 31	津波到達時間	105
ステップ	121	耐震設計	2, 19, 29	津波マグニチュード	107
ストロンボリ式噴火	157	耐震設計指針	32	津波予報区	108
スネルの法則	105	堆　積	79, 118		
スマトラ沖地震	93	体積変化	19	【て】	
駿河・南海トラフ	92	台　風	71, 74	伝　播	18
		高　潮	4, 71, 81	伝播経路	18
【せ】		高潮災害	83	伝播図	105
生活再建	200	高潮予報	86	伝播速度	18, 105
正規分布	49	高　波	71	天文潮位	81
正弦波	20	卓越振動数	23		
正常海浜	121	多自由度系	38	【と】	
制　震	29, 43	縦　波	18	動的解析	32
成層火山	157	弾性応答	34	東北地方太平洋沖地震	
正断層	9	弾性係数	19		70, 91
静的解析	32	弾性波	18	導流堤	165
積層ゴム支承	43	断層角度	102	道路橋示方書	32
設計地震動	29	弾塑性応答	34	十勝沖地震津波	96, 99
設計震度	32	ダンパー	43	都市施設	2
設計水平震度	32			都市水害	47, 52
ゼロアップクロス法	74	【ち】		土砂災害	47
線形加速度法	39	地域防災計画	110, 177	土砂災害警戒情報	67
浅水変形	76	地球温暖化	126	土砂災害ハザードマップ	67
せん断振動	23	治水三法	51	土砂災害防止法	67
せん断弾性係数	19	中央防災会議	167	土石流	5, 65, 162
せん断強さ	136	超過確率	47, 50	土石流災害	65
せん断波	19	潮　汐	73	土地区画整理事業	182
		長大橋梁	19	土地利用管理	183
【そ】		直接数値積分法	39	突堤群	122
早期被害推定システム	193	直下型地震	10	トンボロ	121
総合治水対策	53	直交性	41		
相対変位	37	チリ地震	106	【な】	
想定地震	188	チリ地震津波	93, 102	南海地震	71
速度応答スペクトル	38			南海地震津波	97
塑性率	35	【つ】			
		継　手	26	【に】	
【た】		土かぶり圧	136	日本海型津波	103
大規模構造物	19	津　波	2, 70, 89	入力地震動	29
耐震改修	184	——の大きさ	101		
耐震工学	21	津波警告板	114		

【は】

バー	120
背後地盤	28
爆風	163
波長	19
波動	18
波動インピーダンス	23
ハドソン式	80
ハリケーン	86
ハリケーン・カトリーナ	86
波力発電	77
バルネラビリティ	173
波浪警報・注意報	74
ハワイ式噴火	157
阪神・淡路大震災	168

【ひ】

被害情報	192
——の空白期	192
被害認定	197
東日本大震災	169
被災者生活再建支援法	201, 202
非線形応答	39
避難階段	116
避難訓練	111
避難タワー	116
避難命令	88
氷河性海面変動曲線	133
漂砂	120
表層崩壊	151
表面波	12, 13, 19
表面波マグニチュード	12

【ふ】

風化作用	133
風波	73
複素振幅	41
復旧・復興対策	171
フーリエ変換	41

プリニー式噴火	158
浮力	26
ブルカノ式噴火	157
プレート境界型地震	10, 91
プレートテクトニクス理論	10
噴煙	157
分散性	19

【へ】

平衡断面形状	120
ヘッドランド工法	123

【ほ】

ポアソン比	19
防災基本計画	6, 110, 167
防災業務計画	177
防潮施設	111
防潮堤	74
防潮鉄扉	87
防波堤	74
暴風海浜	121
崩落	152
北海道東方沖地震	99
北海道南西沖地震	101, 106
ボランティア活動	192

【ま】

埋設管路	25
マグニチュード	3, 9
マグマ	155
枕崎台風	83
まちづくり	181
マントル	10, 155

【み】

密度	19

【む】

室戸台風	83

【め】

明治三陸津波	91
免震	29, 43
免震設計	43

【も】

モード解析法	38, 39
モーメントマグニチュード	13
盛土構造物	27

【や】

八重山地震津波	101

【ゆ】

有義波	74
有義波高	74, 77
有義波周期	74, 77
有限複素フーリエ級数	41
有効応力	136
揺れもどし	86

【よ】

溶岩	156
溶岩ドーム	159, 161
養浜工法	124
横ずれ断層	9
横波	19
予防対策	171

【ら】

ライフライン	2, 25, 174
落石	152
落橋防止	24
ラブ波	19

【り】

離岸堤	123
り災証明	197
量的津波予報	108

【れ】

レイリー波　　　　　　　19
レベル1地震動　　　29, 30

【ろ】

老朽化　　　　　　　　184

レベル2地震動　　3, 29, 30

ローカルマグニチュード　12

【数字】

1/3最大波高　　　　　74
1自由度系　　　　　　19

【欧文】

P波　　　　　　　　　19
S波　　　　　　　　　19

―― 著者略歴 ――

渕田　邦彦（ふちだ　くにひこ）
1978 年　熊本大学工学部土木工学科卒業
1978 年　八代工業高等専門学校助手
1991 年　博士（工学）（京都大学）
1992 年　八代工業高等専門学校助教授
2002 年　八代工業高等専門学校教授
2009 年　熊本高等専門学校教授
　　　　 現在に至る

疋田　誠（ひきだ　まこと）
1967 年　山口大学工学部土木工学科卒業
1969 年　九州大学大学院工学研究科修士課程修了（水工土木学専攻）
1974 年　鹿児島工業高等専門学校助教授
1989 年　工学博士（九州大学）
1990 年　鹿児島工業高等専門学校教授
2008 年　鹿児島工業高等専門学校名誉教授

檀　和秀（だん　かずひで）
1976 年　神戸大学工学部土木工学科卒業
1978 年　神戸大学大学院工学研究科修士課程修了（土木工学専攻）
1984 年　明石工業高等専門学校助手
1985 年　明石工業高等専門学校講師
1991 年　明石工業高等専門学校助教授
1993 年　博士（工学）（神戸大学）
2002 年　明石工業高等専門学校教授
　　　　 現在に至る

吉村　優治（よしむら　ゆうじ）
1983 年　長岡技術科学大学工学部建設工学課程卒業
1985 年　長岡技術科学大学大学院工学研究科修士課程修了（建設工学専攻）
1985 年　岐阜工業高等専門学校助手
1991 年　岐阜工業高等専門学校講師
1994 年　博士（工学）（長岡技術科学大学）
1994 年　岐阜工業高等専門学校助教授
2003 年　技術士（建設部門）
2004 年　岐阜工業高等専門学校教授
　　　　 現在に至る

塩野　計司（しおの　けいし）
1973 年　東京都立大学工学部土木工学科卒業
1975 年　東京都立大学大学院工学研究科修士課程修了（土木工学専攻）
1979 年　北海道大学大学院工学研究科博士課程単位修得退学（建築工学専攻）
1979 年　東京都立大学助手
1982 年　工学博士（北海道大学）
1994 年　長岡工業高等専門学校助教授
1999 年　長岡工業高等専門学校教授
　　　　 現在に至る

防災工学
Disaster Mitigation Engineering
　　　　　　　　　　　Ⓒ Fuchida, Hikida, Dan, Yoshimura, Shiono 2014

2014年3月17日　初版第1刷発行

|検印省略|

著　者　　渕　田　邦　彦
　　　　　疋　田　　　誠
　　　　　檀　　　和　秀
　　　　　吉　村　優　治
　　　　　塩　野　計　司

発行者　　株式会社　コロナ社
代表者　　牛来真也
印刷所　　新日本印刷株式会社

112-0011　東京都文京区千石4-46-10
発行所　株式会社　コロナ社
CORONA PUBLISHING CO., LTD.
Tokyo　Japan
振替 00140-8-14844・電話(03)3941-3131(代)
ホームページ http://www.coronasha.co.jp

ISBN 978-4-339-05520-7　　（高橋）　（製本：愛千製本所）
Printed in Japan

本書のコピー，スキャン，デジタル化等の無断複製・転載は著作権法上での例外を除き禁じられております。購入者以外の第三者による本書の電子データ化及び電子書籍化は，いかなる場合も認めておりません。

落丁・乱丁本はお取替えいたします

環境・都市システム系教科書シリーズ

(各巻A5判，14.のみB5判)

- ■編集委員長　澤　孝平
- ■幹　　　事　角田　忍
- ■編集委員　荻野　弘・奥村充司・川合　茂
- 　　　　　　嵯峨　晃・西澤辰男

配本順		著者	頁	本体
1.（16回）	シビルエンジニアリングの第一歩	澤 孝平・嵯峨 晃 川合 茂・角田 忍 荻野 弘・奥村充司 共著 西澤辰男	176	2300円
2.（1回）	コンクリート構造	角田 忍 竹村 和夫 共著	186	2200円
3.（2回）	土 質 工 学	赤木知之・吉村優治 上 俊二・小堀慈久 共著 伊東 孝	238	2800円
4.（3回）	構 造 力 学 Ⅰ	嵯峨 晃・武田八郎 原 隆・勇 秀憲 共著	244	3000円
5.（7回）	構 造 力 学 Ⅱ	嵯峨 晃・武田八郎 原 隆・勇 秀憲 共著	192	2300円
6.（4回）	河 川 工 学	川合 茂・和田 清 神田佳一・鈴木正人 共著	208	2500円
7.（5回）	水 理 学	日下部重幸・檀 和秀 湯城豊勝 共著	200	2600円
8.（6回）	建 設 材 料	中嶋清実・角田 忍 菅原 隆 共著	190	2300円
9.（8回）	海 岸 工 学	平山秀夫・辻本剛三 島田富美男・本田尚正 共著	204	2500円
10.（9回）	施 工 管 理 学	友 久 誠 司 竹 下 治 之 共著	240	2900円
11.（10回）	測 量 学 Ⅰ	堤 　 隆 著	182	2300円
12.（12回）	測 量 学 Ⅱ	岡林 巧・堤 隆 山田貴浩 共著	214	2800円
13.（11回）	景観デザイン ―総合的な空間のデザインをめざして―	市坪 誠・小川総一郎 谷平 考・砂本文彦 共著 溝上裕二	222	2900円
14.（13回）	情 報 処 理 入 門	西澤辰男・長岡健一 廣瀬康之・豊田 剛 共著	168	2600円
15.（14回）	鋼 構 造 学	原 隆・山口隆司 北原武嗣・和多田康男 共著	224	2800円
16.（15回）	都 市 計 画	平田登基男・亀野辰三 宮腰和弘・武井幸久 共著 内田一平	204	2500円
17.（17回）	環 境 衛 生 工 学	奥 村 充 司 大久保 孝 樹 共著	238	3000円
18.（18回）	交通システム工学	大橋健一・柳澤吉保 高岸節夫・佐々木恵一 日野 智・折田仁典 共著 宮腰和弘・西澤辰男	224	2800円
19.（19回）	建設システム計画	大橋健一・荻野 弘 西澤辰男・柳澤吉保 鈴木正人・伊藤 雅 共著 野田宏治・石内鉄平	240	3000円
20.（20回）	防 災 工 学	渕田邦彦・疋田 誠 檀 和秀・吉村優治 共著 塩野計司	240	3000円
21.	環 境 生 態 工 学	渡 部 守 義 宇 野 宏 司 共著		

定価は本体価格+税です。
定価は変更されることがありますのでご了承下さい。

図書目録進呈◆